30 Minuten

Toxische Kollegen

Zulfukar Tosun

Bibliografische Information der Deutschen Nationalbibliothek. Die Deutsche Nationalbibliothek verzeichnet diese Publikation in der Deutschen Nationalbibliografie; detaillierte bibliografische Daten sind im Internet über http://dnb.d-nb.de abrufbar.

ISBN 978-3-96739-133-6

Umschlaggestaltung: die imprimatur, Hainburg
Umschlagkonzept: Buddelschiff, Stuttgart – www.Buddelschiff.de
Lektorat: Silke Martin, Kriftel
Autorenfoto: Martina Seitz
Satz: Zerosoft, Timisoara (Rumänien)
Druck und Verarbeitung: Salzland Druck, Staßfurt

Wir drucken in Deutschland.

www.gabal-verlag.de
www.gabal-magazin.de
www.twitter.com/gabalbuecher
www.facebook.com/gabalbuecher
www.instagram.com/gabalbuecher

PEFC zertifiziert
Dieses Produkt stammt aus nachhaltig bewirtschafteten Wäldern und kontrollierten Quellen.
www.pefc.de

Wir übernehmen Verantwortung! Ökologisch und sozial!

- Verzicht auf Plastik: kein Einschweißen der Bücher in Folie
- Nachhaltige Produktion: Verwendung von Papier aus nachhaltig bewirtschafteten Wäldern, PEFC-zertifiziert
- Stärkung des Wirtschaftsstandorts Deutschland: Herstellung und Druck in Deutschland

Wissen auf den Punkt gebracht

Dieses Buch ist so konzipiert, dass Sie in kurzer Zeit prägnante und fundierte Informationen aufnehmen können. Mithilfe eines Leitsystems werden Sie durch das Buch geführt. Es erlaubt Ihnen, innerhalb Ihres persönlichen Zeitkontingents (von 10 bis 30 Minuten) das Wesentliche zu erfassen.

Kurze Lesezeit

In 30 Minuten können Sie das ganze Buch lesen. Wenn Sie weniger Zeit haben, lesen Sie gezielt nur die Stellen, die für Sie wichtige Informationen beinhalten.

- Schlüsselfragen mit Seitenverweisen zu Beginn eines jeden Kapitels erlauben eine schnelle Orientierung: Sie blättern direkt zu dem Thema, das Sie besonders interessiert.
- **Zahlreiche Zusammenfassungen innerhalb der Kapitel erlauben das schnelle Querlesen.**
- Ein Fast Reader am Ende des Buches fasst alle wichtigen Aspekte zusammen.
- Ein Register erleichtert das Nachschlagen.

Inhalt

Vorwort ... 6

1. Toxische Kollegen – ein Überblick ... 9
Warum toxische Kollegen bleiben ... 11
Vorgesetzte sind hilflos ... 15
Toxische Menschen brauchen toxische Organisationen ... 18

2. Narzissmus ... 23
Narzissten überall ... 24
Narzissten mit Vorsicht begegnen ... 28

3. Neider ... 33
Neider gibt's in vielen Variationen ... 33
Den eigenen Neid kontrollieren ... 36
Leiden im Teufelskreis ... 38

4. Was sind toxische Menschen? ... 41
Feindseligkeit, Mobbing, Manipulation ... 42
Selbstbild toxischer Kollegen ... 45
6 Typen von toxischen Kollegen ... 47

5. Emotionale Intelligenz und Empathie ... 59
Emotionale Intelligenz als Einstellungsvoraussetzung ... 60
Das Teampathy-Canvas ... 62

6. Der vergiftete Arbeitsalltag 67
Die Grenzen der Toleranz 68
Wenn es nicht mehr geht 70
Wie Sie selbst nicht toxisch werden 72
Toxische Organisationen 75

Fast Reader 85
Der Autor 90
Weiterführende Literatur 91
Register 94

Vorwort

Zuerst kamen die körperlichen Reaktionen, die ich überhaupt nicht einordnen konnte. Es gab viele Gründe für meinen unruhigen Schlaf und meine innere Unruhe. Ungesundes Essen, zu wenig Bewegung und zu viele Aufgaben auf meiner Liste. Also habe ich angefangen, gesund zu essen, Sport zu treiben und Aufgaben zu delegieren, aber das half auch nicht. Sehr spät erst habe ich verstanden, dass ich unter einem ganz anderen Problem litt. Über die Jahre habe ich mit toxischen Menschen und in toxischen Organisationen gearbeitet. Es gab Kolleginnen und Kollegen, die toxisch waren, Vorgesetzte, Führungskräfte und auch Organisationen, die ein vergiftetes Umfeld erzeugt haben. Diese Narzissten haben auf das Team keine Rücksicht genommen. Dabei gab es keinen Unterschied, ob es sich um einen Konzern, ein mittelständisches Familienunternehmen oder ein Start-up handelte. Überall kann ein toxischer Kollege oder eine toxische Kollegin die Lust am Arbeiten beinträchtigen. Ich habe vor vielen Jahren für ein großes Familienunternehmen gearbeitet, in dem es einen wichtigen Satz gab: „Der Unternehmer möchte es." Sobald in einer Diskussion dieser Satz fiel, war sie beendet. Es wurde auf den Eigentümer verwiesen, anstatt eine Lösung zu finden.

In diesem Buch stelle ich Ihnen viele Fallbeispiele sowie sechs verschiedene Typen von toxischen Kollegen vor. Die Erkennungsmerkmale dieser Typen sind sehr unterschiedlich. Sie variieren von freundlich und hilfsbereit bis zu offensichtlich aggressiv. Ja, auch ein freundlich erscheinendes Gegenüber kann toxisch-narzisstisch sein. Im weiteren Verlauf dieses Buches erhalten Sie einen Einblick in toxische Organisationen. Ohne die könnten toxische Kollegen nicht bestehen. Um mit diesen Mitarbeitenden besser zusammenarbeiten zu können, gebe ich Ihnen eine ganze Reihe praxiserprobter Tipps mit auf den Weg, wie Sie am besten mit toxischen Kollegen und Vorgesetzten umgehen.

Ich wünsche Ihnen, dass Sie von diesem Buch profitieren und toxische Kollegen künftig besser einordnen können.

Zulfukar Tosun

Aus Gründen der besseren Lesbarkeit wird im Folgenden weitgehend auf die gleichzeitige Verwendung weiblicher und männlicher Sprachformen verzichtet und zumeist das generische Maskulinum verwendet. Sämtliche Personenbezeichnungen gelten gleichermaßen für alle Geschlechter.

Warum bleiben toxische Kollegen im Unternehmen?

Seite 11

Warum sind Vorgesetzte oft hilflos?

Seite 15

Wie fördern Organisationen toxische Kollegen?

Seite 18

1. Toxische Kollegen – ein Überblick

Toxische Kollegen sind Personen, die ein kontraproduktives Arbeitsklima schaffen, welches kurz-, mittel- und langfristig negative Auswirkungen auf andere Kollegen, Mitarbeiter und die Arbeitsorganisation hat. Manche Kollegen sind davon unmittelbar betroffen. Sie verbringen täglich mehrere Stunden im Umfeld eines toxischen Menschen. Andere Teammitglieder sind ebenfalls involviert, auch wenn es keinen regelmäßigen Kontakt mit der toxischen Person gibt.

In Schlüsselpositionen können toxische Menschen besonders nachhaltig die Organisation stören. Das gilt sowohl für formale Schlüsselpositionen wie Führungskräfte, aber auch für nonformale Schlüsselpositionen wie die Assistenz der Geschäftsführung. Neben einzelnen Personen können auch Organisationen selbst toxisch sein – insbesondere wenn ein hoher Leistungsdruck, gepaart mit einer Ellbogenmentalität, vorherrscht. Diese Organisationen leiden infolgedessen unter anderem unter einer hohen Personalfluktuation.

Die Auswirkungen der Personalfluktuation können in zwei Kostenarten eingeteilt werden: in direkte Kosten (Trennungsgespräch, Abfindungen, Onboarding neuer Mitarbeiter) und indirekte Kosten (Produktivitätsverlust scheidender Mitarbeiter).

Laut einer Studie von Deloitte (2019) kostet die Personalfluktuation je nach Unternehmensgröße zwischen 13.705

und 17.159 Euro pro Mitarbeiter. In einem mittelständischen Betrieb mit 100 Mitarbeitern würde eine Personalfluktuation von zehn Prozent pro Jahr also Kosten von ungefähr 1,5 Millionen Euro erzeugen.

Dieses Geld könnte zur Einstellung neuer Mitarbeiter oder zur Verbesserung der Ausstattung der Teams genutzt werden. Leider ist in vielen Fällen bereits die Motivation der Mitarbeiter gar nicht mehr vorhanden. Es könnte jetzt der Eindruck entstehen, dass die betroffenen Teammitglieder etwas gegen diesen Zustand unternehmen wollen. Dem ist aber oft nicht so.

Das Homöodynamik genannte Phänomen beschreibt die fehlende Motivation, eine Situation verändern zu wollen. Des Weiteren ist es schlicht Angst oder mentale Lähmung, die den Mitarbeiter daran hindert, das Unternehmen zu wechseln. Der Mythos des agilen Mitarbeiters wird vom tiefen Wunsch nach Stabilität entkräftet. Dieses Verhalten ist auch bei Mitarbeitern beobachtbar, welche eine neue Stelle suchen möchten, sich jedoch nicht trauen, weil sie zu wissen meinen, was sie an ihrem aktuellen Arbeitgeber „haben". Nur in Extremsituationen oder nach einer sehr langen Leidenszeit beginnt der Mitarbeiter mit einem sogenannten Out- oder Offboarding.

Der besondere Auslöser für die innere Kündigung eines Mitarbeiters kann vielfältig sein. Meist gibt es einen bestimmten Zeitpunkt dafür. Als Folge dessen lassen sich Mitarbeiter in andere Abteilungen versetzen, machen nur noch Dienst nach Vorschrift oder verlassen das Unternehmen. Nicht hilfreich ist, dass viele Führungskräfte glauben, dass es genügt, dem toxischen Kollegen ein Feedback zu geben, um das Problem zu lösen. Diesen Irrglauben werden wir später noch einmal genauer beleuchten.

1.1 Warum toxische Kollegen bleiben

Warum bleiben so viele toxische Kollegen trotz des Schadens, den sie in ihrem Umfeld anrichten, dauerhaft im Unternehmen? Dafür gibt es mehrere Gründe. Kollegen können beispielsweise sehr gute Beziehungen zur Geschäftsführung pflegen oder wissen um heikle Schwachpunkte ihrer Kollegen. Vielleicht haben der toxische Kollege und die Geschäftsführerin schon vorher in einem anderen Unternehmen zusammengearbeitet. Eine lange Betriebszugehörigkeit ist manchmal auch ein Grund für die gefestigte Position von toxischen Kollegen. Mit dieser Macht ausgestattet, können sie ihre Kritiker ruhigstellen. Sie sind unantastbar. Es gibt kein Korrektiv im Team, welches sie in ihre Grenzen weisen kann.

Kollegen mit zwei Gesichtern

Toxische Kollegen überleben meist recht lange im Unternehmen, weil sie sich auf das „Dr. Jekyll und Mr. Hide"-Spiel verstehen. Die Führungskräfte erleben einen Dr. Jekyll, der sich zuvorkommend, engagiert und kompetent präsentiert. Die Teammitglieder und Untergebenen erleben einen grausamen Mister oder eine unerträgliche Mrs. Hide. Nach oben wird gebuckelt, nach unten wird getreten. Wer sich über Mr.

oder Mrs. Hide beschwert, erntet nur ungläubiges Staunen derer, die bislang nur Dr. Jekyll kennen. Das macht es so schwer, etwas gegen Mr. oder Mrs. Hide zu unternehmen. Diese Art von toxischen Kollegen beobachten sehr genau, welche Stärken und Schwächen die anderen Kollegen haben. Und sie stellen sicher, dass die Führungsriege registriert, wie unentbehrlich sie selbst für das Team sind.

Besondere Expertise

Toxische Kollegen sind gut darin, zu unterstreichen, dass sie eine Expertise besitzen, welche sie einzigartig macht. Sie haben den besten Draht zu den wichtigsten Kunden oder besitzen ein Talent für eine besondere Aufgabe. Oder sie sind die besten Mitarbeiter im Team, wenn es um messbare Erfolge geht. Manche sind bei Kunden besonders beliebt. Es kommt vor, dass im Kundenauftrag steht, dass der Kunde nur so lange mit der Firma arbeiten wird, wie dieser eine Mitarbeiter der Firma angehört. In diesem Zusammenhang spielt zudem der Wahrnehmungsfehler, auch Halo-Effekt genannt, eine Rolle bei der Bewertung eines toxischen Kollegen. Einer besonders engagierten Kollegin wird beispielsweise Entschlossenheit zugeschrieben, eigentlich eine gute Eigenschaft. Über die Qualität ihrer Entscheidungen sagt dies jedoch nichts aus. In einem mir bekannten Fall führte der Wahrnehmungsfehler sogar zur Insolvenz eines Unternehmens. Wer jetzt glaubt, dass diese Aspekte nur vereinzelt eine Rolle spielen, irrt. Häufig bedienen toxische Kollegen alle diese Aspekte. Sie gehören zum Inventar. Die Teammitglieder fühlen sich diesen toxischen Personen gegenüber hilflos ausgeliefert.

Negative Auswirkungen

Die oben genannten Gründe können zwar Hindernisse sein, unbezwingbar sind sie jedoch nicht. Im Gegensatz zu der partiellen Wahrnehmung als beliebte, produktive und gut vernetzte Kollegen können toxische Kollegen dem Unternehmen mehr schaden, als sie ihm nutzen. Lukrative neue Kunden können vergrault werden, weil der toxische Kollege persönlich gegen sie opponiert. Eine fundierte und faktenbasierte Auseinandersetzung wird nicht angestrebt oder ist schlicht nicht möglich. Die übergeordnete Instanz gibt lieber einmal mehr nach, damit es keinen Zwist gibt. So können dem Unternehmen potenzielle Kunden verloren gehen.

Neue Besen kehren gut

Zustände sind natürlich immer auch veränderbar. Es gibt verfügbare neue Mitarbeiter, die genauso effektiv sind oder die gleiche, vielleicht sogar eine bessere Expertise mitbringen. Und die enge Beziehung zur Geschäftsleitung kann sich eventuell ändern, wenn diese wechselt. Eine der größten Herausforderungen ist es, wenn bei Personalmangel ein toxischer Kollege mitgezogen werden muss. Wenn dazu noch die Gelegenheit verpasst wird, den toxischen Kollegen aus dem Unternehmen zu entfernen, dann steht das Team vor großen Problemen.

Ich habe es erlebt, dass bei Personaleinsparungen ein Team verkleinert worden ist, der toxischen Kollegin beziehungsweise Mitarbeiterin aber nicht gekündigt wurde. Dadurch hatte sie irgendwann eine so lange Betriebszugehörigkeit, dass sie nur unter großer Mühe und mit hohen Kosten entlassen werden konnte. Hier haben sowohl die Führung als auch die Personalabteilung versagt.

Wenn genügend Mitarbeiter vorhanden sind, fällt es nicht so sehr ins Gewicht, toxische Kollegen mitzuziehen, denn es sind ja noch genug andere Mitarbeiter da, um die Arbeit zu erledigen. Sobald das Team dezimiert wird, zeigen sich die Probleme sehr, sehr deutlich.

Feedback allein reicht nicht

Toxischen Kollegen fehlt die Fähigkeit, sich und das eigene Verhalten kritisch zu reflektieren. Werden sie mit ihrem Verhalten konfrontiert, reagieren sie in der Regel auf zweierlei Weise. Entweder sie rechtfertigen sich mit Märtyrertum und erklären detailliert, dass es keinen anderen Mitarbeiter im Unternehmen gibt, der sich so aufopfert wie sie selbst. Oder sie verhalten sich selbstgerecht und strafen den Feedbackgeber mit Verachtung. Im Gegenzug verweisen sie auf jeden Fehler, den ein anderes Teammitglied macht, nur um sich selbst in ein besseres Licht zu rücken.

Um toxische Kollegen zu ändern, reicht ein Kritikgespräch oft nicht aus. Insbesondere dann, wenn der toxische Kollege absolut kein Bewusstsein dafür hat und ein Feedback-Gespräch nicht geholfen hat. Selbst ein Feedback-Gespräch mit harten Fakten (Mitarbeiter unterbricht andere zehnmal oder Mitarbeiterin übergeht dauernd den Vorgesetzten) endet meist fruchtlos.

Es gibt viele Gründe, warum toxische Kollegen im Unternehmen bleiben. Dazu zählen langjährige Erfahrung, ein guter Draht zu wichtigen Kunden oder nachweisbare Erfolge. Diese Tatsachen überschatten jedoch das eigentliche Problem. Obwohl es bessere Alternativen gibt, ist eine Kündigung meist keine Option.

1.2 Vorgesetzte sind hilflos

Vorgesetzte sind meist in einer Zwickmühle. Wenn sie das toxische Verhalten des Mitarbeiters gar nicht selbst wahrnehmen, fehlt ihnen die Grundlage, um zu handeln. Aber: Vorgesetzte können vom Team ein aktives Feedback über den toxischen Mitarbeiter einholen. Aber dann gibt es meist ein weiteres Problem. Sobald sie sich versichert haben, dass etwas getan werden muss, befinden sie sich nicht selten in Sachzwängen: Eine knappe personelle Besetzung, fehlende rechtliche Handhabe oder ein Betriebsrat, der sich nicht kooperationswillig zeigt, stehen effektiven Maßnahmen im Weg. Wenn sich die Führung doch final dazu entschließt, etwas zu unternehmen, können die Lösungen kontraproduktiv sein. Vor allem dann, wenn die Trennung vom Mitarbeiter mit hohen Kosten verbunden ist, können Führungskräfte zu einer der folgenden Maßnahmen neigen:

- Versetzung des Mitarbeiters
- Entzug von Verantwortung
- Umgestaltung der Organisation um die toxischen Kollegen herum

Versetzung hilft selten

Die Versetzung von toxischen Mitarbeitern in einen anderen Unternehmensbereich ist eine in der Regel einfache Maßnahme. Das Problem wird dadurch aber nur verlagert. Das toxische Teammitglied wird die Versetzung eventuell sogar als Belohnung seiner Arbeit empfinden, solange es nicht mit seinem Verhalten konfrontiert wird. Somit wird ein Prozess in Gang gesetzt, welcher das toxische Verhalten unbeabsichtigt noch verstärkt. Während das alte Team aufatmen kann, könnte das Team, in welches der toxische Mitarbeiter versetzt wird, fortan unter ihm leiden. Je nach Robustheit des neuen Teams werden die gleichen Konflikte und Belastungen auftreten und erneut für negative Folgen sorgen. Somit ist das eine der schlechten Lösungen für den Umgang mit einem toxischen Mitarbeiter.

Entzug der Verantwortung

Der Entzug von Verantwortung ist sowohl bei Führungskräften als auch bei Mitarbeitern möglich. Der Vorteil bei diesem Vorgehen ist, dass die Unternehmensführung eine Begründung liefern muss. Diese drastische Maßnahme kann beim Betroffenen die Bereitschaft zur Veränderung erzeugen. Es wird jedoch auch Mitarbeiter oder Führungskräfte geben, die daraufhin das Unternehmen verlassen. Eine weitere mögliche Gegenreaktion ist, dass der Mitarbeiter sein toxisches Verhalten verstärkt, da im neuen Aufgabengebiet die Verantwortung nicht mehr auf seinen Schultern lastet. Im weiteren Verlauf dieses Buches stelle ich Ihnen zahlreiche Instrumente vor, die hier hilfreich sind.

Organisations-Jeopardy

Die Umgestaltung der Organisation um einen toxischen Kollegen herum ist eigentlich keine Option. Überraschenderweise geschieht dies aber öfter als gedacht. Manche Mitarbeiter werden weggelobt. Wegloben bedeutet meist eine Beförderung. Einer meiner früheren Arbeitgeber beförderte unangenehme Betriebsräte stets zu Geschäftsführern; ob sie dafür geeignet waren, spielte dabei keine Rolle. Dadurch wird schädigendes Verhalten aber eher gefördert. Es kann zu einer Konzentration von Macht bei diesem toxischen Teammitglied kommen. Solange der rosa Elefant im Raum nicht konkret benannt wird, ist das Problem nicht gelöst.

Vorgesetzte sind sich der Toxizität von Mitarbeitern selten bewusst. Sie sehen sich verschiedenen Zwängen im Umgang mit toxischen Mitarbeitern ausgesetzt. Sie nutzen ineffektive Mittel, um den toxischen Mitarbeiter zu führen. Verantwortungsentzug, Organisations-Jeopardy, Versetzung oder Beförderung verlagern das Problem und lösen es nicht. Im schlechtesten Fall kommt es sogar zu einer Machtkonzentration mit neuen negativen Folgen.

1.3 Toxische Menschen brauchen toxische Organisationen

Die Zusammenarbeit mit toxischen Kollegen verändert die Zusammenarbeit im Team. Negative Verhaltensweisen können übernommen und angewandt werden. Zu den negativen Verhaltensweisen gehören laut einer Studie (2022) des Massachusetts Institute of Technology (MIT):

- die Diskriminierung aufgrund des Geschlechts,
- der Herkunft,
- des Alters,
- der sexuellen Identität oder
- einer Behinderung.

Weitere Aspekte wie

- Vetternwirtschaft,
- Respektlosigkeit,
- unethisches Verhalten
- und nicht zuletzt Versprechungen, die nicht eingehalten werden,
- oder die Missachtung von Sicherheitsvorschriften durch Führungskräfte

gehören ebenfalls dazu.

Kampf um die Beförderung

Wenn zwei Mitarbeiter um die Beförderung auf eine Stelle kämpfen, kann daraus leicht eine toxische Situation entstehen. Jeder wird sich und sein Können in den Vordergrund stellen. Die Konkurrenz wird diskreditiert. Führungskräfte, die über die Beförderung entscheiden, legen im Idealfall transparente Maßstäbe an. Aber in der Praxis ist das selten der Fall. Somit sorgt die Organisation für die Verstärkung von toxischen Verhaltensweisen. Der unterlegene Mitarbeiter kann eine Abneigung gegenüber dem beförderten Mitarbeiter entwickeln. Aufgrund fehlender Transparenz der Beförderung kann sogar die gesamte Organisation darunter leiden.

Klare Verantwortlichkeiten

Toxizität in einer Organisation entsteht unter anderem auch durch das Fehlen von klaren Abläufen und Arbeitsbeschreibungen. Unschärfen in Arbeitsabläufen führen dazu, dass Themen, die nicht in deren Aufgabengebiet liegen, durch Mitarbeiter gekapert werden können.

Hier helfen **Schnittstellenlisten**:

⇨ Wer
⇨ macht was
⇨ warum
⇨ und wann?

Wer jetzt befürchtet, dass hierdurch ein Silo-Denken entsteht, der sei beruhigt. Der Vorteil von Schnittstellenlisten liegt in der transparenten Auflistung von Verantwortungsbereichen. Hierdurch lässt sich ein Hin- und Herschieben von Arbeit vermeiden.

Stellenbeschreibung aktualisieren

Stellenbeschreibungen finden sich in vielen Unternehmen. Aber: Sie werden viel zu selten hinterfragt, aktualisiert und aktiv als Führungsinstrument genutzt. Dies öffnet Interpretationsmöglichkeiten Tür und Tor zum Schaden der anderen Teammitglieder. Toxische Mitarbeiter können Aufgaben auf andere Schultern verteilen, ohne Konsequenzen zu befürchten. Dieser Prozess wiederum fördert die negative Stimmung im Team.

Vision und Mission

Die Unternehmensmission und -vision stellen keine klaren Anweisungen dar. Sie können nur die übergeordneten Ziele sein. Daraus lassen sich im Idealfall Regeln und Normen ableiten, die alle Mitarbeiter einschließen und klare Leitplanken im arbeitsalltäglichen Miteinander formen. In Kapitel 6.4 erfahren Sie, welche notwendigen Veränderungen innerhalb einer Organisation Sie einleiten müssen, um Änderungen zu etablieren. Nur wenn sich die Organisation verändert und verbessert, kann dies auch eine Veränderung beim toxischen Mitarbeiter bewirken.

Die Unternehmensvision und -mission sollten durch die heterogene aktive Beteiligung von Mitarbeitern aus allen Ebenen stattfinden. Damit ist gewährleistet, dass auch wirklich möglichst alle Wertvorstellungen der einzelnen Teams und Arbeitsbereiche einfließen können. In diesem Prozess können Führungskräfte bereits einschätzen, welche (neuen) Mitarbeiter und Mitarbeiterinnen am besten zu den Unternehmenswerten passen.

Um es klar zu sagen: Es gibt nicht *den* toxischen Kollegen. Es gibt Umstände, die toxisches Verhalten begünstigen und toxische Kollegen erschaffen. Somit ist es nicht damit getan, toxische Mitarbeiter zu entlassen. Mitarbeiter, Team und Organisation müssen sich verändern.

Damit toxische Kollegen sich entfalten können, brauchen sie ein bestimmtes Umfeld, das dies zulässt. Hilflose Vorgesetzte, machtlose Kollegen und eine schwache Organisation bereiten toxischen Kollegen den Nährboden. Naheliegende Lösungen wie Kündigung oder Versetzung des Mitarbeiters bringen dem Team keinen Mehrwert.

Toxische Kollegen

- bringen Unruhe in Teams,
- sind fast unantastbar, wenn sie schwache Vorgesetzte haben,
- vergiften den Teamalltag,
- haben eine lange Betriebszugehörigkeit,
- sind gut vernetzt und
- bei Kunden sehr beliebt
- und verbleiben daher unnötig lange im Unternehmen.

Wo treffen Sie auf Narzissten?

Seite 24

Warum sollten Sie im Umgang mit Narzissten vorsichtig sein?

Seite 28

Warum kann Narzissmus auch gesund sein?

Seite 30

2. Narzissmus

Wir sind alle Narzissten. Narzissmus, in gesunden Mengen, bestätigt unseren Selbstwert und zeugt von Selbstliebe. Wer für seine eigene Sache einsteht, ist ein gesunder Narzisst. Der innere Temperaturregler ist das entscheidende Element. Menschen mit einem gesunden Selbstbewusstsein kennen ihre Grenzen, an denen die Selbstverliebtheit zu einem Extrem wird. Sie können sich zurücknehmen. Eine gefestigte innere emotionale Basis hilft ihnen dabei. Sie sind sich ihrer selbst bewusst.

Sogenannte grandiose oder tiefe Narzissten haben diesen inneren Temperaturregler nicht. Sie leiden unter fehlendem Selbstbewusstsein und vor allem fehlender Selbstliebe. Nach außen hin spielen sie eine besonders selbstbewusste Person, um von ihrem Umfeld Anerkennung und Begeisterung zu bekommen. Ihr Verhalten bringt sie in eine Aufmerksamkeitsspirale. Sie werden extremer in ihrem Verhalten und lauter in ihrer Kommunikation, wollen immer offensiver gehört und gesehen werden. Darum bedienen sie sich diverser Techniken, um dies zu erreichen. Tiefe Narzissten können unsere Gefühle manipulieren. Sie können Tatsachen so verdrehen, dass sich Menschen in ihrer Umgebung schuldig fühlen. Sie benutzen andere Menschen als Erweiterung ihrer selbst. Diese Vereinnahmung geschieht subtil. Narzissten wirken mutiger und energischer als andere Menschen und werden dafür bewundert. Dadurch können sie andere kontrollieren und für ihre eigenen Zwecke missbrauchen. Mit ihren großen Ideen schaffen sie eine Aura, der man sich anschließen möchte. Sie sprechen über Gemeinschaft und meinen nur sich selbst. Menschen, die darauf hereinfallen, haben einen langen Leidensweg vor sich. Im Extremfall finden sie sich in einem sektenähnlichen Umfeld wieder. Sie werden systematisch ausgebeutet.

2.1 Narzissten überall

Bei narzisstischen Führungskräften oder Unternehmern spiegelt sich das innere Chaos auch innerhalb der Organisation. Alle Entscheidungen müssen über ihren Schreibtisch gehen. Ihr Mikro-Management blockiert die Entwicklung des Unternehmens. Narzissten präsentieren sich als alleinige Problemlöser. Sie beschweren sich darüber, dass niemand sonst in der Lage ist, Probleme zu lösen, delegieren aber auch nichts. Ein häufiger Satz ist: „Alles muss ich alleine machen." Doch genau das ist ihre Absicht. Sie wollen keine Verantwortung abgeben. Narzissten empfinden Teamarbeit als sehr verunsichernd. Jeder kleinste Kommentar zu ihrer Arbeitsweise kann sie beeinflussen. Sie ziehen sich in ihre Abwehrhaltung zurück, da sie sich sonst rechtfertigen müssten. Verbindlichkeit ist ein Fremdwort für Narzissten, da es bedeuten würde, sich auf andere zu verlassen und das Ergebnis nicht kontrollieren zu können.

Konkurrenten werden beseitigt

Auf der anderen Seite können es Narzissten nicht ertragen, dass andere gleichwertig sind. Sie versuchen, sich ihre aus ihrer Sicht gefährliche Konkurrenz aus dem Weg zu schaffen. Denn Konkurrenz bedeutet, dass sie nicht einzigartig sein können. Und dass sie nicht die ungeteilte Aufmerksamkeit ihrer Umgebung haben. Es kann so weit gehen, dass Narzissten aktiv die Karriere oder das Ansehen anderer Mitarbeiter zerstören. Ein lautstark ausgetragener Konflikt auf dem Flur, eine Mail mit Kritik, die in CC auch an andere Kollegen versendet wird, oder die Zusammenarbeit nur unter ihren Bedingungen zählen dazu. Je größer die Aggressivität von Narzissten, desto größer ist auch deren innere Unsicherheit. Narzissten möchten die größtmögliche Aufmerksamkeit von anderen Menschen bekommen, ohne anderen selbst Aufmerksamkeit zu schenken. Deswegen kann sich unter einem netten, aufmerksamen Menschen ein tiefer Narzisst verbergen, der ein vertrautes Miteinander forciert, Nähe vorspielt und vordergründig einfühlsam ist. Narzissten können so weit gehen, dass sie Krisen provozieren, um sie zu lösen und daraus eine gewisse Genugtuung und Befriedigung erhalten.

Das Beispiel des Pflegers Nils H. ist ein Beleg dafür, wie weit der Wunsch nach Aufmerksamkeit gehen und wie sehr die Situation eskalieren kann. Nils H. verabreichte ohne ärztliche Anweisung Patienten ein Mittel gegen Herzrhythmusstörungen, was für einige seiner Patienten tödlich endete. In manchen Fällen konnte er durch Reanimationsmaßnahmen die Patienten retten und sich dadurch als Held profilieren. So bekam er die Anerkennung seiner Kollegen und erwarb sich einen Ruf als hilfsbereiter und professioneller Krankenpfleger. In seinem Wahn war er nicht zu stoppen. Ihm wurden mehr als 80 Todesfälle nachgewiesen und er wurde wegen Mordes zu lebenslanger Haft verurteilt. Dass dieser Fall schließlich aufgedeckt worden ist, ist ein Glück für alle in seinem Umfeld.

So weit geht es natürlich nur sehr selten. Aber: Schauen Sie sich um! Finden Sie solche Typen auch in Ihrem Umfeld? Die, zumeist höchst theatralisch, Probleme hochspielen, aber gleich eine Lösung präsentieren und dafür die Anerkennung möchten? Dann seien Sie auf der Hut.

Theatralische Narzissten

Der sogenannte kreative tragische oder auch theatralische Narzisst leidet an seiner Kindheit, weil er nicht beachtet und stattdessen allein gelassen wurde. Seine Wutausbrüche und eine rücksichtlos fordernde Haltung sind zwei Anzeichen für diesen Typus. Ein bekanntes Beispiel für diese Art Narzisst ist der deutsche Schauspieler Klaus Kinski, welcher für seine unkontrollierbaren Wutausbrüche bekannt war. Der theatralische Narzisst ist sehr berechnend und ihm ist bewusst, was er mit seinem Verhalten anrichten kann. Der theatralische Narzisst weiß ganz genau, wie er seine Mitmenschen manipulieren muss, damit sie ihm folgen.

Die Zusammenarbeit mit einem theatralischen Narzissten bringt Sie von Ihrem eigenen Weg ab. Wenn Sie nicht aufpassen, werden Sie in sein selbst inszeniertes Theaterstück hineingezogen. Sie ergreifen Partei für den Narzissten und verlieren Ihre Bindung an die wichtigen Personen und Themen in Ihrem Leben. Theatralische Narzissten gibt es, so wie andere Narzissten auch, sowohl im Arbeits- als auch im Privatleben.

Doch theatralische Narzissten sind teilweise berechenbar. Wenn sie die gewünschte Aufmerksamkeit nicht erhalten, ziehen sie weiter. Theatralische Narzissten wechseln häufig den Arbeitsplatz, versuchen in einer anderen Abteilung oder einer anderen Firma ihr Glück. Der Wunsch nach uneingeschränkter Aufmerksamkeit ist wie eine Droge. Sobald Narzissten Entzugserscheinungen spüren, benötigen sie die nächste Dosis. Mit diesem Verhalten schaden Narzissten ihrem eigenen Ziel, Anerkennung für ihre Leistungen zu bekommen. In der Konsequenz machen sie andere für den Jobwechsel verantwortlich.

„Ihr verkennt mein Genie“ oder „Ohne mich geht das Unternehmen vor die Hunde“ sind nur einige der Thesen des Narzissten. Es fällt ihm schwer, Kompromisse zu finden. Er sieht sich in einer vermeintlichen Sackgasse gefangen. Mit der Hoffnung auf eine verständnisvollere Umgebung wechselt er den Arbeitsplatz. Die alten Kollegen bleiben zurück. Manche holt der Narzisst in sein neues Unternehmen, wenn er die Macht dazu hat.

Narzisstische Menschen gibt es überall und auf jeder Hierarchiestufe. Narzissten fehlt es am inneren Temperaturregler. Sie brauchen Beachtung. Mit verschiedensten Bemühungen wie Kreativität oder Theatralik buhlen sie um Ihre Aufmerksamkeit. Das Spiel des Narzissten beginnt genau dann: Wenn Sie ihm Aufmerksamkeit schenken. Tun Sie das nicht, wechselt er nicht selten den Arbeitsplatz und beginnt andernorts sein Spiel von Neuem.

2.2 Narzissten mit Vorsicht begegnen

Seien Sie stets vorsichtig, wenn Sie narzisstisches Verhalten bei einem Kollegen oder einer Kollegin erkannt haben. Zuerst erscheinen sie wie ein Leuchtturm und blenden die, die geblendet werden möchten. Zum Schluss bleibt nur die Dunkelheit. Wir müssen uns klar über unsere Schwächen sein. Was wollen wir von anderen Menschen? Anerkennung? Lob? Liebe? All das stellt der Narzisst bereit. Der Narzisst sieht das als Tauschgeschäft. In den nächsten Jahren kommen immer mehr junge Mitarbeiter der Generation N(arzisst) auf den Arbeitsmarkt. Bereits jetzt finden sich unter Start-up-Gründern und Influencern eine Reihe von, vermeintlich, erfolgreichen Selbstdarstellern, die es mit Ehrlichkeit und Transparenz nicht ganz so wichtig nehmen. Sie beuten Menschen aus, indem sie ein höheres Ziel (unter dem Weltfrieden geht es nicht) propagieren oder mit Betrugsmaschen ihre Start-ups aufpusten. Wer „Arbeit im Gegenzug für Kost und Logie" angeboten bekommt, sollte hellhörig werden. Der Influencer Finn Kliemann beispielsweise propagierte diese höheren Ziele höchst prominent. Die später über ihn enthüllten Fakten zu einer Ferienwohnungsvermittlung und falsch deklarierten Corona-Schutzmasken zeigen, wie weit Narzissten gehen können.

Der Narzisst ändert sich nicht

Innerbetrieblich ist es oft nicht anders. Projekte, die sich großartig anhören, bei denen die ganze Arbeit aber an Ihnen hängen bleibt, während Ihr Kollege die Lorbeeren einheimst, sind nur eine Abwandlung von „Kost und Logie“. Das bringt Sie nicht weiter und ist eine Erfahrung, die Sie sich meist ersparen können. Narzissten werden sich nicht ändern, nur weil es einen Mitarbeiterexodus gibt. Sie sind in der Lage, durch ihre Art immer wieder Opfer zu finden, die sie ausbeuten können. Es erscheint unwahrscheinlich, dass toxische Organisationen attraktive Arbeitgeber sein können. Jedoch erhalten diese Arbeitgeber immer wieder sehr gute Bewertungen in Umfragen. Die Abwägung zwischen „großen Namen“ im Lebenslauf und einer weniger prominenten Stelle, die aber wohltuender für die geistige Gesundheit sein könnte, sollte immer nach reiflicher Überlegung getroffen werden. Es ist symptomatisch, dass sich hauptsächlich jüngere Mitarbeiter oder Berufsanfänger für diese Firmen entscheiden, in der Hoffnung, dass es schon nicht so schlimm werden wird. Erfahrene Menschen machen einen großen Bogen um diese Unternehmen. Diese Firmen, die es in vielen Branchen gibt, zeichnen sich durch eine hohe Personalfluktuation und ein ausgeprägtes Hierarchiesystem aus. Zwischen normalen Mitarbeitern und einer Abteilungsleitung gibt es mehrere Stufen.

Aus dem früheren Kaufhofkonzern ist folgende Abstufung in den Verkaufsabteilungen bekannt:

- Verkäufer:in
- Erstverkäufer:in
- Substitut:in
- Abteilungsleiterassistentenanwärter:in
- Abteilungsleiterassistent:in
- Abteilungsleiter:in

Die reelle Verantwortung lag, nach meiner persönlichen Erfahrung, selten beim Abteilungsleiter.

Gesunder Narzissmus unterstützt

Sie sollten mit Empathie auf den Narzissten zugehen und ihn als solchen erkennen. Dadurch verringern Sie die Gefahr, auf ihn hereinzufallen. Unser eigener, hoffentlich gesunder Narzissmus sollte uns dabei helfen, unseren Fokus auf die Ergebnisse zu richten. Denn wir alle haben narzisstische Anteile in uns. Und das ist auch gut und hilfreich. Wer es schafft, eine große positive Veränderung zu erreichen, nutzt seine Selbstliebe, um sein Umfeld besser zu machen. Davon profitieren die Kollegen und weitere Menschen im nahen und weiteren Umfeld. Der Fokus auf andere Menschen in ihrem Leben gibt gesunden Narzissten einen großen Teil der Liebe, die sie brauchen, um sich gut zu fühlen. Niemand wird verletzt oder ungebührend behandelt. Im Gegensatz zu toxischen Narzissten tauchen bei gesunden Narzissten Momente des Zweifels und der Unsicherheit auf. Gesunde Narzissten können das für sich einordnen und damit souverän umgehen.

Narzissten sind gefährlich. Sie kompensieren die eigenen seelischen Wunden, indem sie andere Menschen quälen. Auf vielfältigste Weise können Ihnen Narzissten begegnen. Sie können schroff oder einnehmend sein. Versuchen Sie, Narzissten zu meiden.

Narzissten zeigen folgende Eigenschaften:

- subtile Unberechenbarkeit
- Hang zur Theatralik und Kreativität
- stete Suche nach dem eigenen Vorteil
- können aufmerksam und zuvorkommend sein, wenn es ihren Zielen nützt
- ignorieren die Spielregeln, wenn sie ihnen nicht helfen

Gesunder Narzissmus ist allerdings hilfreich, um das Arbeitsumfeld und schließlich auch die Organisation als Ganzes zu verbessern.

Welche Neid-Typen gibt es?

Seite 33

Warum sollten Sie Ihren eigenen Neid kontrollieren?

Seite 36

Warum befinden sich Neider in einem Teufelskreis?

Seite 38

3. Neider

Trotz unseres gesellschaftlichen Wohlstandes gibt derzeit mehr Neider als je zuvor. Nicht zuletzt die sozialen Medien verstärken den Neid, weil sie Einblicke erlauben in das scheinbare Glück der anderen. Was früher die Urlaubsdiashow war, ist heute das Instagram-Reel: die geheimsten Urlaubsorte, der schönste Wasserfall, der schönste Hochzeitstag oder die beste Bikinifigur. Das Gras ist immer grüner auf der anderen Seite des Bildschirms. Nirgendwo entdeckt man Enttäuschung, Trauer oder Scheitern. Die Arbeit hinter einem perfektem Instagram-Post sieht man nicht. Es ist alles eine große Inszenierung. Wer nicht mithalten kann, wird neidisch, wenn er es nicht an sich abperlen lässt: „Das Leben anderer sieht so gut aus, so viel besser als mein eigenes."

3.1 Neider gibt's in vielen Variationen

Neid löst im Menschen starke Gefühle und Kräfte aus. Er kann positiv anspornen. Im beruflichen Kontext bietet es sich daher unter Umständen an, Errungenschaften dem gesamten Team zuzuschreiben, auch wenn man selbst dafür verantwortlich war. Neid kann aber auch zerstörerisch wirken. Der US-amerikanische Schriftsteller Robert Green beschreibt in seinem Buch „Die Gesetze der menschlichen Natur" (The Laws of Human Nature, 2019) fünf Neider-

Typen, die im betrieblichen Umfeld auftauchen. Allen gemein ist das fehlende Lebensziel. Sie wissen nicht, welche Berufung sie im Leben haben. Das macht es ihnen so schwer, irgendwo Fuß zu fassen und eine Befriedigung zu spüren.

1. Der Gleichmacher

Der Gleichmacher hat einen Seismografen für Ungerechtigkeiten und spricht diese sofort an. Im Gegensatz zum Gerechtigkeitsfanatiker dient die Abschaffung einer Ungerechtigkeit aber nur dem Gleichmacher und nicht dem gesamten Team. Er ist unterhaltsam und verdeckt damit seine Unzulänglichkeiten. Die Talente anderer Kollegen kann er nicht anerkennen. Sie haben nur Glück und verdienen sowieso kein Lob. Gleichmacher sind passiv-aggressiv und betiteln High-Performer gerne als Streber. Ihr empfindliches Ego verträgt keine Kritik.

Der Gleichmacher verweist auf die Fehler anderer, wenn er auf seine Fehler angesprochen wird. Kritikern unterstellt er gerne Parteilichkeit. Für ihren Wunsch, aufzusteigen, macht der Gleichmacher ambitionierten Kollegen ein schlechtes Gewissen.

2. Der selbst ernannte Leistungsverweigerer

Dieser Typus von Neider glaubt an sein natürliches Anrecht, mit wenig Arbeitseinsatz viel Aufmerksamkeit und Lob zu bekommen. Eine eilig zusammengeschusterte Präsentation oder ein schlampiger Bericht sind seiner Meinung nach genug Input, um ihn als Experten strahlen zu lassen. Es fehlt ihm an Disziplin. Tief im Inneren fühlt er sich unsicher.

Sobald er es mit Menschen zu tun hat, die viel erfolgreicher sind, wechselt er von Neid zur Feindseligkeit. Er versucht die Arbeit der Kollegen und Vorgesetzten zu sabotieren, damit das eigene Versagen nicht auffällt. Dafür pflegt er einen guten Draht zu den wichtigsten Entscheidern.

3. Der Statusgegner

- Was fahren Sie für einen Dienstwagen?
- Wie schnell sind Sie aufgestiegen?
- Wie lange sind Sie dabei?
- Welche akademische Bildung haben Sie?
- Wie ist Ihr Werdegang?

Diese Fragen stammen nicht aus einem Bewerbungsgespräch, sondern könnte Ihnen ein Statusgegner stellen. Er scannt Sie und vergleicht sich mit Ihnen. Er möchte immer sicher sein, dass er mehr hat, mehr kann als Sie. Der Statusgegner konzentriert sich dabei vor allem auf materielle Überlegungen. Wer aufgestiegen ist, dem wirft er Klüngelei vor, die er zutiefst verachtet. Er stellt sich selbst als eine Art asketischer Mönch oder als Hippie dar, dem alles egal ist, der über den Dingen steht. Dabei sehnt er sich nach mehr: mehr Anerkennung, mehr Einfluss, mehr Macht etc.

4. Der Anhängliche

Je näher der anhängliche Typ am Chef oder an erfolgreichen Kollegen dran ist, desto besser fühlt er sich. Mit der Zeit ist er so mit diesen verwoben, dass er sich in deren Glanz sonnen kann. Gleichzeitig vermag er ihnen durch diese künstlich herbeigeführte Nähe zu schaden. Und er nutzt die Situation der Vertrautheit auch schamlos aus. Er ist auf der Suche nach einer „Leiche im Keller“, die er dann gegen seinen Chef einsetzen kann. Er kann sich somit Vorteile verschaffen, die er als normaler Mitarbeiter niemals bekommen hätte.

5. Der unsichere Meister

Der unsichere Meister fühlt sich durch junge, aufstrebende Mitarbeiter bedroht. Er hegt Zweifel an seinem eigenen Können und ist sich nicht sicher, ob er seiner Position würdig ist. Die Folge: Tatkräftige und fleißige Mitarbeiter werden aufgrund von fadenscheinigen Gründen entlassen. Nur jene Mitarbeiter, die ihm ihre Ideen überlassen und ihn nie in den Schatten stellen, können in Ruhe arbeiten. Unsichere Meister sind im akademischen Betrieb öfter anzutreffen. Sie setzen gerne ihren eigenen Namen an die erste Stelle einer Studie, die zum größten Teil von ihren wissenschaftlichen Mitarbeitern oder Doktoranden erstellt worden ist.

Egal ob Statusgegner oder unsicherer Meister: Neider richten ihre ganze Energie gegen andere Kollegen. Sie ziehen ihre Befriedigung aus dem Schaden, den sie anrichten. Sie handeln nach dem Motto: Ich bin wichtig und sonst niemand!

3.2 Den eigenen Neid kontrollieren

Neid ist etwas ganz Natürliches. Jeder von uns kennt Situationen, die Neid aufkommen lassen. Eine Beförderung, eine Belobigung, eine Gehaltserhöhung usw. Wenn Sie spüren, das Neid in Ihnen rumort, wechseln Sie doch mal die Perspektive. Um Sie herum gibt es nicht nur erfolgreiche Menschen. Sehen Sie auch die Menschen, denen es nicht so gut geht wie Ihnen. Bestimmt gibt es Kollegen, die sich in einer schwierigen Lebensphase, beispielsweise wegen einer Krankheit (eines Angehörigen), einer bevorstehenden Scheidung oder beruflichem Misserfolg befinden. Diese Kollegen würden vermutlich gerne mit Ihnen tauschen. Tauschen Sie Ihren Neid gegen Mitgefühl und Sie werden merken, dass es Ihnen besser geht. Überzeugen Sie auch Ihre Kollegen davon, dass sie andere ebenfalls unterstützen, und stärken Sie so den Teamgedanken.

Nutzen Sie Neid als Ansporn

Neid kann Sie zu Höchstleistungen antreiben, indem Sie ihn als Energiequelle nutzen. Sobald Sie Neid verspüren, sollten Sie darüber nachdenken, wie Sie das Ergebnis des Kollegen noch übertreffen können. Stellen Sie sich das wie ein Wettrennen um die beste Geburtstagsparty vor. Die Planung und Ausführung wird mit einer Extraportion Neidenergie noch besser und macht auch Spaß. Das Nutzen dieser Energie sollte allen dienen.

Anerkennung signalisieren

Zeigen Sie Ihre Anerkennung für die Leistung Ihrer Kollegen. Das fördert das kollegiale Miteinander. Es zeigt Ihrem Kollegen, dass er Ihnen wichtig ist. Bestätigung ist ein wichtiges Mittel, um Neider in den Griff zu bekommen. Aber Vorsicht:

Seien Sie authentisch. Loben Sie nur, wenn Sie es auch wirklich so meinen. Falsches Lob wird schnell als solches entlarvt.

Neid ist per se nicht schlecht. Nutzen Sie Ihren eigenen Neid als Energiespeicher. Versuchen Sie, besser zu werden, indem Sie die Leistungen der anderen Kollegen anerkennen. Das fördert auch den Teamgedanken. Versuchen Sie, sich stetig weiterzuentwickeln. Nicht aus Neid, sondern weil Sie motiviert sind.

3.3 Leiden im Teufelskreis

Toxische Kollegen, Narzissten oder Neider – ein Ausweichen ist im betrieblichen Miteinander unmöglich. Im privaten Umfeld vereinsamen toxische Kollegen meist durch ihr Verhalten. Diese Reaktion kann jedoch im beruflichen Umfeld nicht umgesetzt werden. Und schon entsteht eine negative Spirale.

Destruktives Verhalten

Die egozentrierte Wesensart entzieht dem Umfeld die Lebensfreude. Gute Absichten oder Pläne werden durch die toxische Person sofort zerstört. Toxischen Menschen fällt es schwer, ihr Verhalten zu reflektieren. Es ist ihnen daher kaum möglich, ihr Verhalten durch eigene Anstrengung zu verändern. Oft wollen sie auch gar keine Veränderung. Stattdessen verlangen sie von anderen Menschen, ihr Verhalten zu verändern. Damit zeigen sie eine weitere Eigenschaft von toxischen Menschen: Sie finden für jede Lösung ein Problem.

Negativspirale

Die gerade genannten Verhaltensweisen von toxischen Menschen sind nur ein kleiner Auszug von unzähligen Spielarten, die je nach Position eloquent ausgespielt werden. Wer im privaten Umfeld vereinsamt, dem wird es schwerfallen, im beruflichen Umfeld nicht zu vereinsamen. Wenn ein toxischer Mitarbeiter aufgrund seines Verhaltens von anderen Teammitgliedern gemieden wird, dann verringert sich seine Bereitschaft zum normalen Umgang mit den Kolleginnen und Kollegen. Dieser Teufelskreis kann aber, wie Kapitel 6.3 zeigt, unterbrochen werden.

Schon die alten Römer litten unter Neid. Aber: Richtig eingesetzt ist Neid eine Produktivitätsrakete.

Toxische Neider zeigen die folgenden Verhaltensweisen:

- Sie können offen oder verdeckt feindselig sein.
- Sie können auf die verschiedensten Dinge neidisch sein.
- Mitarbeiter können auf Vorgesetzte neidisch sein, aber auch Vorgesetzte auf Mitarbeiter.
- Wenn Neider sich abgrenzen, befinden sie sich in einem Teufelskreis und verlieren immer mehr Unterstützer.

Neid kann auch etwas Gutes bewirken. Wenn Sie ihn als solchen erkennen und ihn umwandeln in einen Energiebooster, mit dem Sie etwas anstoßen im Team, dann nutzt dies nicht nur Ihnen, sondern auch Ihrem Umfeld.

Was unterscheidet Mobbing von Manipulation?

Seite 42

Warum haben toxische Menschen Probleme mit ihrem Selbst- und Fremdbild

Seite 45

Welche 6 Typen von toxischen Kollegen gibt es?

Seite 47

4. Was sind toxische Menschen?

„Ich mag diesen Mann nicht. Deswegen muss ich ihn besser kennenlernen."
Abraham Lincoln

Als Toxizität wird die Schädlichkeit oder Giftigkeit eines Stoffes bezeichnet. Sie existiert nicht nur in der Welt der chemischen Elemente oder in der Biologie, sondern auch in unserer persönlichen Umwelt. Wenn ein Gegenstand einem chemischen Mittel ausgesetzt ist, dann gibt es eine Reaktion. So wie Salpetersäure sich durch die meisten Metalle ätzt, so ätzen toxische Teammitglieder sich in den Arbeitsalltag von Kolleginnen und Kollegen.

4.1 Feindseligkeit, Mobbing, Manipulation

Es gibt verschiedene Arten von Toxizität. Häufige Spielarten im beruflichen Umfeld sind:

- offene Feindseligkeit,
- gezielte Manipulation und
- bewusstes Mobbing.

Keine der vorgenannten Verhaltensweisen tritt isoliert auf. Sie können sowohl von

- Vorgesetzten (bossing),
- unter Kollegen und Kolleginnen (horizontal harassment),
- in Teams (horizontal harassment)
- sowie von Untergebenen (staffing)

gezeigt werden.

Von Aggression bis Ausgrenzung

Jede der Verhaltensweisen kann eine körperliche und eine mentale Akzentuierung haben. Somit ist die ganze Bandbreite zwischen physischer Aggressivität und sozialer Ausgrenzung gegeben. Mobbing hat in den letzten Jahren besondere Aufmerksamkeit erfahren und wurde vielfach aufgearbeitet. Daher konzentriert sich dieses Buch vor allem auf Kollegen, welche feindselige und manipulative Verhaltensweisen zeigen. Der Vollständigkeit halber wird Mobbing im Folgenden noch einmal in aller Kürze beschrieben.

Offene Feindseligkeit

Feindseligkeit bedeutet, dass Mitarbeitende oder Kollegen Prozesse vereinnahmen, verlangsamen oder auch Projekte völlig blockieren. Später gehe ich noch detaillierter auf diesen Typus ein. Schikane bedeutet, dass Mitarbeiter oder Kollegen andere Mitarbeiter oder Kollegen diskreditieren, etwa durch:

- Geringschätzung
- Infragestellen der Kompetenz
- Abwertung

Sobald offene Feindseligkeit, ob nun durch Vorgesetzte oder Kollegen, im Spiel ist, kann es nur Verlierer geben.

Ein Aufsichtsrat kann einem Vorstandsvorsitzendem öffentlich das Vertrauen entziehen. Einer Bereichsleiterin kann ein Verantwortungsbereich entzogen werden. Ein Teammitglied wird regelmäßig nicht informiert. Diese Abstufungen der offenen Feindseligkeit führen in den meisten Fällen dazu, dass jemand das Unternehmen verlässt. Es kann aber auch zu einem nachhaltigen Schaden des Images des Unternehmens führen, wenn die Feindseligkeit nach außen hin sicht- und spürbar wird.

Gezielte Manipulation

Manipulation bedeutet, dass der Kollege andere Kollegen in seinem Sinne manipuliert, um sich dadurch eigene Vorteile zu erschaffen. Manipulatoren sind Gift für die gesamte Organisation. Sie schaden denen, die dabei mitmachen, und auch denen, die davon betroffen sind. Manipulatoren schrecken vor keinem Werkzeug der Manipulation zurück. Sie dehnen die Wahrheit und fälschen in extremen Fällen Unterlagen, um an ihr Ziel zu kommen. Und Sie haben es sicher schon erkannt: Manipulatoren sind oftmals Narzissten.

Bewusstes Mobbing

Ein weiteres toxisches Verhalten ist Mobbing. Hier wird ein Kollege, eine Kollegin durch die Organisation, innerhalb des eigenen oder von Mitgliedern eines anderen Teams gemobbt. Es werden fragwürdige Verhaltensweisen an den Tag gelegt, das Arbeitsumfeld wird durch Mobbing nachhaltig vergiftet, z. B.:

- Der oder die Täter wählen einen bestimmten Kollegen als dauernde Zielscheibe.
- Über diesen Kollegen werden diskreditierende Unwahrheiten verbreitet, die ihm im Unternehmen – oder auch außerhalb des Unternehmens – nachhaltig schaden.
- Es wird ihm verbal Gewalt angedroht oder sogar tatsächlich Gewalt angetan.
- Er wird von wichtigen Informationen ausgeschlossen.
- Er wird unangemessen stark kritisiert.
- Der Umgang mit dem betroffenen Kollegen ist rücksichtslos.

Toxizität ist schädlich. Sie verändert und erschwert den Arbeitsalltag. Jeder kann davon betroffen sein. Toxische Kollegen sind rücksichtslos, mobben und manipulieren und vergiften damit den Arbeitsalltag. Sie schaden Kollegen nachhaltig bis hin zur Kündigung.

4.2 Selbstbild toxischer Kollegen

Bei toxischen Kollegen gibt es eine große Lücke zwischen Selbst- und Fremdbild. Sie fühlen sich als Opfer der Umstände. In der Transaktionsanalyse, ein 1957 von dem US-amerikanischen Psychiater Eric Berne entwickeltes Modell der Persönlichkeit und ihrer Interaktionen, teilt sich das Selbstbild in drei Teile. Das Erwachsenen-Ich, das Eltern-Ich und das Kind-Ich sind in den Menschen unterschiedlich entwickelt. Solange die Kommunikation auf derselben Ebene, zum Beispiel der Ebene des Erwachsenen-Ichs, stattfindet, ist eine normale Kommunikation erlebbar. Findet die Kommunikation in unterschiedlichen Ebenen statt, ist der Kollege zum Beispiel im Eltern-Ich und die toxische Mitarbeiterin im Kind-Ich, sind Konflikte vorprogrammiert. Fühlt sich die Kollegin aus der Kind-Ich-Perspektive heraus paternalistisch behandelt, dann schlägt sie mit kindlichen Reaktionen zurück. Hierdurch entsteht die Sicht des toxischen Kollegen: „Ich bin nicht ok, du bist nicht ok." Dieser Trigger hemmt die toxische Kollegin so sehr, dass sie nichts mehr zur weiteren organisatorischen Entwicklung beitragen kann. Toxische Kollegen zeigen bei Zurückweisung jeglicher Art eine Empfindlichkeit und erleben diese als subjektive Missachtung der eigenen Person. Selbst das freundliche Verhalten von Kollegen wird missdeutet.

Keimzelle für Verschwörungstheorien

Gehen Sie also davon aus, dass Ihre eigene positive Verhaltensänderung nicht zwingend auch eine positive Verhaltensänderung beim toxischen Kollegen fördert. Im Gegenteil. Der toxische Kollege beharrt auf Rechte, die ihm nicht zustehen oder nicht angemessen sind. Er besitzt keinen inneren Kompass. Dies macht ihn anfällig für krude Verschwörungstheorien als Erklärung für Ereignisse.

Verschwörungstheoretiker brauchen eine Echo-Kammer und finden diese bei anderen toxischen Menschen. Sie bestärken gegenseitig das Gefühl des Missachtet-Werdens. Diese Kollegen sind nicht nur intern eine Herausforderung. Auch externe Kunden oder Dienstleister werden involviert. Die Herausforderung für die Vorgesetzten ist in diesem Kontext groß. Zumindest sollte für die Kommunikation nach außen dem toxischen Kollegen sehr deutlich gemacht werden, welche Spielregeln gelten, was die Dos and Don'ts in der Kommunikation sind.

Argwohn ohne Grund

Ein überhöhter Argwohn, für den es keine Grundlage gibt, ist eine weitere Komponente, die es zu beachten gilt. Argwohn geht mit der grundlosen Verdächtigung anderer Kollegen einher. Die nicht existente und nur gefühlte Illoyalität von Kollegen und Vorgesetzten ist ein weiterer Stachel im Innenleben toxischer Kollegen. Dieser wird durch das ständige „Zwischen den Zeilen"-Lesen bestärkt. Das Ergebnis kann ein beinahe schon paranoides Verhalten sein.

Auslöser für Depressionen

In der Folge kommt es beim toxischen Kollegen unter Umständen zu depressivem Verhalten. Er ist sich nicht bewusst, dass er ein initialer Teil des Problems – aber auch der Lösung – ist. Er sehnt sich nach Hilfe und Unterstützung. Sein geringes Selbstvertrauen hindert ihn jedoch daran, aktiv um Hilfe zu bitten. Sein toxisches Verhalten wiederum macht es für Außenstehende schwierig, sich auf ihn einzulassen, ihm Hilfe anzubieten. Je weiter sich die Spirale aus Hilflosigkeit, Depression und Toxizität dreht, desto stärker zeigen sich Züge von paranoidem Verhalten. Ähnlich einem alkoholkranken Mitarbeiter sind die Einsicht des Mitarbeiters und sein Wille von entscheidender Wichtigkeit, um eine Veränderung herbeizuführen.

Selbst- und Fremdbild klaffen bei toxischen Menschen auseinander. Daher wundern sie sich über negatives Feedback. Toxische Kollegen nutzen jede Art von negativem Werkzeug, sind selbst aber depressiv und kanalisieren ihre Hilflosigkeit in entsprechendem Verhalten. Sie sind wie uneinsichtige Süchtige – ohne eigenes Zutun kann keine Verbesserung zustande kommen.

4.3 6 Typen von toxischen Kollegen

Die im Folgenden beschriebenen sechs Typen von toxischen Kollegen zeigen die unterschiedlichen Spielarten von toxischem Verhalten auf. Das Wissen um diese Verhaltensweisen erleichtert das Erkennen von toxischen Menschen.

Die sechs Typen sind:

1. der Saboteur
2. der Bedenkenträger
3. der Perfektionist
4. der Choleriker
5. der Low-Performer
6. der sexuell-toxische Typ

Kein Typ ist jeweils allein vorherrschend. Es gibt bei toxischen Charakteren naturgemäß immer Mischtypen mit einem besonders ausgeprägten Schwerpunkt.

Der Saboteur

Saboteure sind Kollegen, die den gesamten Arbeitsablauf um sich herum gestrickt wissen wollen. Sie haben eine längere Betriebszugehörigkeit als die meisten anderen Teammitglieder. Kollegen mit vergleichbarer Zugehörigkeit meiden sie. Sie klagen über die vermeintlich negative Entwicklung, sind aber nicht bereit, eigenständig Veränderungen anzustoßen. Kollegen und Führungskräfte, die etwas verändern wollen, begegnen sie mit offener Feindseligkeit und versuchen, ihren Willen durchzudrücken. Sie übergehen dabei Führungskräfte und sprechen direkt mit internen oder externen Entscheidern. Sie richten Verwirrung an und reißen Aufgaben an sich, die sie nicht beherrschen.

Saboteure haben das Gefühl, nicht genug vom Leben bekommen zu haben. Nicht genug Liebe, nicht genug Anerkennung oder nicht genug Dankbarkeit. Vielleicht gab es einen Moment in ihrem Leben, an dem all diese Dinge im

Überfluss vorhanden waren. Meist gab es im beruflichen Umfeld einen Vorgesetzten, der das kindliche Ich des Saboteurs besänftigen konnte. Die Sehnsucht nach dieser Zeit macht Saboteure so gefährlich. Sie blicken nach innen und zurück statt nach außen und voran. Tief in ihrem Inneren wissen Saboteure, dass die vermeintlich gute Zeit vermutlich nicht mehr zurückkommen wird.

Der Saboteur ...

- agiert in höchstem Maße unkollegial.
- hält Informationen bewusst zurück.
- hält sich für unersetzbar.
- blickt auf eine lange Betriebszugehörigkeit zurück.
- weiß, dass seine Ambitionen sich nicht erfüllt haben.
- glaubt, dass alles ihm gehört.
- verhält sich rückwärtsschauend (früher war alles besser).
- reißt Kompetenzen an sich.
- ist aktiv aggressiv.
- ist oft depressiv.

Was sagen Mitarbeiter über den Saboteur:
Der Kollege war schon von Anfang an im Projekt. Er kannte jeden und wusste alles über die Historie. Wenn etwas nicht nach seinem Willen lief, merkte er nebenbei an, wie großartig es früher war. Wir waren somit außen vor.

Der Bedenkenträger

Unmöglich-Macher/Bedenkenträger sind Kollegen, die unbedingt den Status quo bewahren möchten. Sie erkennen zwar die Autorität einer anderen Person an, unternehmen jedoch alles, damit Projekte/Vorhaben nicht realisiert werden können.

Sie stellen Fragen, die nur Fachleute aus anderen Bereichen beantworten können. Sie erkennen die Schwachstellen der Kollegen und nutzen sie für eigene Interessen aus. Bei Kollegen mit geringerem Fachwissen kann der Bedenkenträger das Vertrauen in die eigene Fähigkeit erschüttern.

Die Unmöglich-Macher verunsichern Führungskräfte ebenso wie Kollegen auf der gleichen Ebene. In interdisziplinären Teams können sie als Fachperson diese Strategie besonders gut verfolgen. Sie verschleppen Projekte ins Unendliche. Wenn Saboteure und Unmöglich-Macher Teil des Teams sind, ist fast jedes Projekt zum Scheitern verurteilt. Nur mit viel Geduld und einer Verlagerung auf die nächsthöhere Stufe ist ein erfolgreicher Projektabschluss möglich. Unmöglich-Macher und Bedenkenträger übermitteln nur schlechte Nachrichten. Sie sehen sich als Erlöser, bieten die Lösung aber nur zu ihren Konditionen an. Niemand soll höhergestellt sein als sie. Sie übergehen Konventionen und Regeln, um ihre Idee durchzudrücken. Teamarbeit lehnen sie ab. Wer eine andere Meinung hat, wird so lange bearbeitet, bis man sich auf eine gemeinsame Meinung – und zwar die des Bedenkenträgers – geeinigt hat.

Der Bedenkenträger …

- empfindet starkes Selbstmitleid.
- fühlt sich stets als Opfer.
- will geliebt werden.
- nimmt alles persönlich.
- schiebt die Verantwortung und Schuld auf andere ab.
- weiß immer alles besser.

- lässt andere ins Fettnäpfchen laufen und tritt nach.
- ist ein Einzelkämpfer.

Was sagen Mitarbeiter über den Bedenkenträger:
Wir wollten den Vorstandsbeschluss zügig umsetzen. Die Saboteurin hat sich geweigert und ihren Unwillen deutlich gezeigt. Die Unmöglich-Macherin hat immer wieder Themen gefunden, die ihrer Meinung nach geklärt werden mussten, um den nächsten Schritt zu gehen. Nur mit der Hilfe einer Fremdfirma und der Drohung, zum Vorstand zu gehen, konnten wir unser Ziel erreichen.

Carsten war schon jahrelang im Unternehmen. Er machte oft Alleingänge. Teamarbeit war ihm zuwider. Entscheidungen wollte er ohne notwendige Absprache treffen.

Die Beschreibung für den Bedenkenträger in unserem Team ist: Kunde droht mit Auftrag.

Der Perfektionist

Eine der auffälligsten Ausprägungen bei toxischen Menschen zeigt sich bei den sogenannten Perfektionisten (persönlich nenne ich diese Personen Mikro-Manager). Perfektionisten sind überzeugt, dass niemand anderes im Unternehmen so hart arbeitet wie sie. Geht etwas schief, waren es immer die anderen. Gute Ideen und Vorschläge von anderen Teammitgliedern werden nicht angenommen. Mikro-Manager greifen in die Arbeit von Kollegen und Untergebenen ein:

- Sie formulieren Berichte um, obwohl diese allen Standards genügen.
- Sie ändern grundlos und ohne Absprache Formularvorlagen. Das kann sogar täglich geschehen. Wenn ein Teammitglied die Änderungen nicht mitbekommt, zieht das negative Folgen nach sich.

- Sie wollen an jeder Besprechung teilnehmen.
- Sie revidieren grundlos am Tag zuvor getroffene Entscheidungen. In diesem Zusammenhang finden sie regelmäßig Gründe, warum eine Entscheidung nicht getroffen werden kann.

Mikro-Management kann zum Erliegen einer ganzen Abteilung führen. Es kann dafür sorgen, dass Projekte verzögert werden oder sogar ganz scheitern. Selbst wenn genug Informationen vorliegen, trifft ein Perfektionist keine Entscheidungen. Er legt nicht nachvollziehbare Standards an die Arbeit an. Er ist oberflächlich und auch in der Tiefe nicht versiert in seiner Arbeit. Leitet ein Perfektionist ein Team, kann keine übergreifende Zusammenarbeit und Absprache entstehen, weil alles von ihm kontrolliert werden muss. Perfektionisten saugen die Energie aus den Kollegen und Untergebenen aus.

Der Perfektionist ...
- hat ein geringes Selbstvertrauen.
- ist paranoid veranlagt.
- Findet nichts gut genug.
- ist narzisstisch und würdigt die Arbeit der anderen Kollegen nicht.
- ist extrem perfektionistisch, ohne je den eigenen Anspruch erfüllen zu können.

Was sagen Mitarbeiter über den Perfektionisten:
Eine Kollegin, die mich vor anderen immer fertiggemacht hat, war plötzlich sehr zuvorkommend und an meiner Arbeit interessiert. Sie hat mir dann sehr schnell deutlich gemacht, dass sie nur Informationen von mir wollte, die ich ihr sonst nicht gegeben hätte.

Der Choleriker

Dieser Typ von Kollege ist schnell gereizt und kann sehr schnell explodieren. Wenn ihm etwas nicht in den Kram passt, ist er sofort auf 180. Seine Wutausbrüche vergiften das Klima und machen es unmöglich, konstruktiv den Arbeitsalltag zu gestalten. Im modernen Führungsalltag und in modernen Teambeziehungen ist der Choleriker glücklicherweise eine Seltenheit geworden. Dies soll jedoch nicht darüber hinwegtäuschen, dass er in anderer Art und Weise durch alternative Verhaltensweisen weiterhin aktiv ist. Seine Wortwahl und sein Verhalten sind in Inhalt und Art unangemessen.

Da sie meist willensstark, leistungsbereit und motiviert auftreten, finden sich Choleriker oft in Führungsebenen. Choleriker sind Narzissten, die unüberlegt handeln und über mangelnde Selbstkontrolle verfügen. Das kann, muss aber nicht in allen Lebenslagen so sein. Choleriker können im Büro unausstehlich sein, aber im Privatleben, wo sie sich sicherer fühlen, einen angenehmen Zeitgenossen abgeben. Der Choleriker verspürt die Wut eines tiefen Narzissten. Aussagen wie „Muss ich immer alles selbst machen“ oder „Einmal nur möchte ich, dass etwas funktioniert, wenn ich nicht da bin“ fallen mehrmals am Tag. Choleriker leiden neben ihrem Narzissmus am sogenannten Dunning-Kruger-

Effekt: Sie überschätzen regelmäßig ihre Fähigkeiten, da sie an einer kognitiven Verzerrung leiden. Im Umkehrschluss können sie die ihnen überlegenen Fähigkeiten anderer Menschen nicht sehen. Inkompetente Menschen erkennen nicht, dass sie inkompetent sind. Es fehlt ihnen an den Werkzeugen wie der eigenen Reflexion. Der nach den Sozialpsychologen David Dunning und Justin Kruger benannte Effekt stellt sich auch dann ein, wenn ein Mitarbeiter oder eine Führungskraft vorgibt, spezifisches Wissen zu haben, über das er/sie gar nicht verfügt.

Fähige Mitarbeiter werden deswegen in den falschen Projekten eingesetzt und können ihr Potenzial nicht entfalten. Der Teufelskreis schließt sich, weil der Choleriker immer wieder eingreifen muss, um das Projekt zu retten.

Der Choleriker ...
- neigt dazu, eigene Fähigkeiten zu überschätzen.
- erkennt besondere Fähigkeiten bei anderen nicht.
- ist schnell gereizt und neigt zu Wutausbrüchen.
- trägt starke narzisstische Züge in sich.
- zeigt sein Verhalten im Büro oder im Privatleben niemals gleichzeitig.

Das sagt der Choleriker zu seinen Mitarbeitern:
Ich habe den ganzen lieben Tag nur Affen um mich herum und ich bin der Zoo-Direktor.

Der Low-Performer

Dieser Typ ist eine Belastung für alle Teammitglieder. Er macht Dienst nach Vorschrift und versucht seine Arbeit so gut wie möglich an andere zu delegieren. Er kennt seine Stellenbeschreibung in- und auswendig. Die Vorschriften und Regeln kann er im Schlaf aufsagen. Er nutzt jede Lücke zu seinen Gunsten. Bevor sich der Low-Performer für sein Team oder andere Kollegen einsetzt, muss schon ein Wunder geschehen. Er ist kein ausgesprochen geselliger Typ. Seine wichtigste Bezugsgröße ist die Stechuhr, die um 17:00 Uhr den Feierabend verkündet. Man kann sich mit diesem Typ sehr gut unterhalten und vielerlei Themen besprechen, jedoch selten im beruflichen Kontext. Dieser Typ nimmt stark Bezug auf höhere Instanzen, mit denen er sich erst besprechen muss, bevor er eine Aussage treffen kann. Er fühlt sich nie zuständig für irgendetwas. Trotz seiner schlechten Arbeitsergebnisse wird er nur selten entlassen oder versetzt, weil er immer einen Ausweg findet. Low-Perfomer leben nach der Maxime „Angriff ist die beste Verteidigung". Mit Angriff ist kein aggressives Verhalten gemeint. Sie beseitigen durch ihr Verhalten alle Klarheiten und provozieren damit die Verwirrung aller Beteiligten. (Wie man dem Low-Perfomer und natürlich auch den anderen toxischen Typen kündigen kann, erfahren Sie in Kapitel 6.2.)

Der Low-Performer ...

- erklärt jedem die Welt.
- kann seine Worte nicht in Taten umsetzen.
- schiebt Arbeit weg.

- windet sich aus für ihn schwierigen Situation heraus.
- ist maximal unverbindlich.
- reagiert allergisch auf Verantwortung.

Das sagt der Low-Performer seinen Mitarbeitern:
Dafür bin ich nicht zuständig, das musst du mit jemand anderem klären. Bevor ich das machen kann, musst du noch herausfinden, ob ... die ... erfüllt. Dafür musst du nachforschen. Keine Ahnung, wer dir das sagen kann.

Der sexuell-toxische Typ

Der sexuell-toxische Typus ist trotz MeToo und der heute sehr öffentlichen Diskussion zu männlichen Übergriffen gegen Frauen weiterhin in vielen Unternehmen zu finden. Er ist ein Paradebeispiel für die Verzahnung von toxischen Mitarbeitern und einer toxischen Organisation, auf die in Kapitel 6.4 noch ausführlich eingegangen wird. Die sexuelle Aggressivität kann von herablassenden Sprüchen bis hin zu körperlichen Angriffen reichen. Der sexuell-toxische Typ nutzt das Abhängigkeitsverhältnis zu Frauen konsequent aus. Um diesem Typ zu entkommen, bleibt meist nur die Kündigung und der Wechsel zu einem anderen Arbeitgeber. Für den Täter bleibt das meist ohne Konsequenzen. Er sucht sich ein anderes Opfer und macht so weiter wie bisher, solange er arbeitsrechtlich nicht belangt wird. Laut der Antidiskriminierungsstelle des Bundes (2017) gab jede elfte erwerbstätige Person an, am Arbeitsplatz sexuell diskriminiert worden zu sein. Nach der Auffassung der Befragten ist unter sexueller Belästigung die explizite Aufforderung zu sexuellen Handlungen oder Sätze wie z. B. „Setz dich mal auf meinen Schoß“ zu verstehen.

Das müssen Mitarbeiterinnen des sexuell-toxischen Typs sich anhören:
Gestern habe ich bis 3.00 Uhr gefeiert und bis 7.00 Uhr gab es Knick-Knack im Bett.
Beuge dich mal vor und öffne die Schublade ganz unten.
Zieh einen kurzen Rock an, wenn wir in die Besprechung mit dem Kunden gehen.
Wenn du den richtigen Mann kennenlernst, bist du bestimmt nicht mehr lesbisch.
Schläfst du auch so gerne nackt wie ich?

Alle toxischen Typen überschreiten spezifische Grenzen und verstoßen gegen allgemeingültige Regeln. Es ist wichtig, dieses Fehlverhalten zu identifizieren und anzusprechen.

- Die vorgestellten Typen treten in der Regel alle in unterschiedlicher Gewichtung bei toxischen Kollegen auf.
- Das toxische Verhalten des Kollegen ist nicht zu jederzeit sichtbar, herrscht aber vor.
- Oftmals bleibt das Verhalten ohne Konsequenzen für den Verursacher, führt aber zur Kündigung oder Versetzung des Opfers.
- Das toxische Verhalten der einzelnen Typen richtet sich gegen die Arbeitsorganisation, gegen Mitarbeitende oder gegen Kolleginnen und Kollegen.
- Es gibt subtil ausgeprägte Typen wie den Perfektionisten oder den Low-Performer.
- Offensiv-toxische Typen sind der Choleriker und der sexuell-toxische Typ.
- Eine definierte rechtliche Handhabe gegen toxische Kollegen oder auch Vorgesetzte gibt es nur beim sexuell-toxischen Typus durch das Antidiskriminierungsgesetz.

Warum findet man Empathie nicht in Stellenbeschreibungen?

Seite 60

Was erreichen Sie mit Selbstregulierung?

Seite 61

Wie hilft das Teampathy-Canvas bei der Teamentwicklung?

Seite 62

5. Emotionale Intelligenz und Empathie

Empathie und emotionale Intelligenz sind zwei Schlüsselkompetenzen, die in der Arbeitswelt und im persönlichen Umfeld eine große Rolle spielen. Sachlichkeit und Fachwissen reichen heute nicht mehr aus. Vertrauen, Offenheit und eine gute Kommunikationsbasis sind unabdingbare Führungswerkzeuge. Sie ermöglichen eine gute Teambildung und das Ausschöpfen der vollen Kapazität von Mitarbeitern. Führungskräfte sollten Stimmungen und Probleme erkennen können und ihnen gezielt entgegenwirken. Das Team braucht Leitplanken im Miteinander.

Bevor es jedoch so weit ist, müssen die richtigen Mitarbeiter, die zum Team und zur Organisation passen, ausgewählt werden. Woran die richtigen Mitarbeiter erkennbar sind und wie ein gutes Team aufgestellt werden kann, wird dieses Kapitel beleuchten.

5.1 Emotionale Intelligenz als Einstellungsvoraussetzung

Bei den Recherchen für dieses Buch habe ich auf der Job-Plattform Monster.de rund einhundert Stellenausschreibungen aus verschiedenen Branchen analysiert. Alle Hierarchiestufen waren vertreten. Rund 30 Stellenausschreibungen waren für Jobs im mittleren Management (Senior) ausgeschrieben. 50 Stellenausschreibungen waren Einsteigerpositionen (Junior) und 20 Ausschreibungen richteten sich an höhere Positionen. Die Stellenanzeigen wurden nach soften Faktoren wie emotionaler Intelligenz durchsucht. Anforderungen wie Offenheit oder Teamfähigkeit wurden nicht berücksichtigt. Bei keiner konnte ich die Anforderung nach emotionaler Intelligenz oder Ähnlichem finden. Aber gerade die emotionale Intelligenz sollte zum wichtigen Einstellungskriterium für Mitarbeiter werden. Persönlichkeitstests wie das DISG-Modell, die Myers-Briggs-Persönlichkeitstypen oder das Management-GRID werden, obwohl der Nutzen nicht bewiesen ist, standardmäßig als Instrumente zur Analyse des Kandidaten verwendet. Keines dieser durchaus bewährten Modelle geht indes auf die emotionale Intelligenz in der notwendigen Tiefe ein.

Selbstwahrnehmung

Nach Brehm (1981) entsteht Selbstwahrnehmung aus der Analyse des vergangenen Verhaltens. Hierdurch versieht man sich selbst mit Attributen wie kollegial, schnell, gewissenhaft oder ehrlich. Die Attribute werden intrinsisch, also aus sich selbst heraus gebildet und unterscheiden sich damit von der Fremdwahrnehmung oder dem Fremdbild. In den weiter oben genannten Tests werden vornehmlich Attribute der Selbstwahrnehmung abgefragt. Der Arbeitgeber verfügt hierdurch über eine gute Möglichkeit des Abgleichs. Die emotionale Intelligenz besteht jedoch aus weiteren Bausteinen.

Selbstmotivation

Der Begriff der Selbstmotivation soll im Rahmen dieses Buches wie folgt definiert werden: Selbstmotivation ist die Schaffenslust des Mitarbeiters. Unter Schaffenslust ist nicht eine künstlerisch konnotierte Eigenschaft zu verstehen. Vielmehr ist damit gemeint, dass der Mitarbeiter neugierig ist und Interesse an seiner Aufgabe hat. Diese beiden Eigenschaften führen im weiteren Verlauf zur Notwendigkeit der Teamarbeit und setzen entsprechende Verhaltensweisen voraus. Ein Mitarbeiter, der nur Dienst nach Vorschrift macht, hat Schwierigkeiten, eine hohe Selbstmotivation aufzubringen.

Selbstregulierung

Die Selbstregulierung hilft dem Mitarbeiter dabei, Emotionen zu verändern oder zu akzeptieren. Im beruflichen Alltag können damit beispielsweise die Emotionen Ärger und Frust benannt und verstanden werden, um sie danach für sich selbst richtig einzuordnen. Entsteht Frust aufgrund externer Faktoren, kann daran gearbeitet werden, diese Faktoren zu reduzieren. Sind die Faktoren nicht zu beeinflussen, müssen sie toleriert und im Idealfall akzeptiert werden. Dies kann dann zum Abbau von Frust führen.

Empathie
Empathie bezeichnet die Fähigkeit, die Gefühle des Gegenübers wahrzunehmen und zu verstehen. Sie ist eine Schlüsselfähigkeit im zwischenmenschlichen Miteinander. Toxische Kollegen sind nicht wirklich fähig zu einer aufrichtigen Empathie, können diese aber vortäuschen, um im Folgenden die Energie des Gegenübers auszusaugen. Wirklich empathische Menschen finden einen Zugang zu ihrem Gegenüber. Sie verstehen auch die Motivation und Gefühle ihrer toxischen Kollegen und sind in der Lage, die Gründe für das spezifische Verhalten dieser Kollegen zu erkennen. In Verbindung mit der oben genannten Selbstregulierung können sie mit toxischen Kollegen gut umgehen. Dies bedeutet jedoch nicht, dass ihnen der Umgang mit toxischen Menschen guttut.

Emotionale Intelligenz und Empathie sind die zwei Schlüsselfaktoren für ein harmonisches Team, die in Stellenbeschreibungen häufig keinen Platz finden. Doch durch eine dezidierte, einfühlsame Wahrnehmung des Gegenübers entsteht ein besseres Verständnis füreinander.

5.2 Das Teampathy-Canvas

Der Autor Dennis Fischer bezeichnet Empathie als wichtigste berufliche Eigenschaft für die Zukunft. Er hat das Teampathy-Canvas entwickelt. Es ist ein Instrument, um das Beziehungsmanagement im Team zu entwickeln. Das Teampathy-Canvas besteht aus sieben Feldern:

1. **Vision und Ziele** stehen am Anfang des Canvas. Hier wird eine Gesamtvision erstellt und daraus werden Ziele heruntergebrochen. Dieser Punkt ist der Ausgangspunkt für alle Teammitglieder und deckt sich mit den Unternehmenszielen. Bereits an diesem Punkt muss die Identifikation der Mitarbeiter stattfinden. Toxische Kollegen würden in diesem Schritt leicht identifizierbar sein.

2. **Teammitglieder und Rollen** müssen zueinander passen. Hier kann durch ein 360-Grad-Feedback aus dem Team jedes Mitglied seine passende Rolle finden. Das Feedback ist ein wichtiges Element, um jedem Teammitglied aufzuzeigen, wie es bei den anderen ankommt. Ist sie eine Macherin, er ein Kümmerer? Ist die Mitarbeiterin im Unternehmen gut vernetzt und kann dadurch etwas fürs Team erlangen? Ist der Mitarbeiter äußerst gewissenhaft und geeignet für organisatorische Aufgaben?

3. **Gemeinsame Werte** wie Zusammenhalt, Kollegialität, Offenheit, Pünktlichkeit und Ehrlichkeit verstehen sich eigentlich von selbst. Und doch werden diese Werte nicht immer ausreichend kommuniziert. Daher empfiehlt sich die explizite Benennung der gemeinsamen Werte. Vergleichbar mit einer Art Verfassung für das Team. Dieser Punkt hat für sich allein jedoch nicht genug Kraft und benötigt die anderen sechs Felder.

4. **Regeln und Aktivitäten** sind die **Einzelgesetze**, die aus den gemeinsamen Werten entstehen. Hier kann der Kreativität

freien Lauf gelassen werden. Nicht jedes Thema kann geregelt werden und es wird immer Anpassungen geben müssen. Ich hatte eine Mitarbeiterin, die immer zu spät kam. Das Team war nicht glücklich damit. Meine Ansprachen als Führungskraft hat sie ignoriert. Bei einem Morgenmeeting habe ich mein Team gebeten, ihr ein Feedback zu geben. Da hat sie begriffen, dass sie sich aus dem Team entfernt hatte, und kam fortan immer pünktlich zur Arbeit.

5. **Future Work Skills** sollen dazu anregen, eine Bestandsaufnahme der Fähigkeiten der Teammitglieder zu erstellen. Wer beherrscht eine Fremdsprache besonders gut? Wer ist das Excel-Genie? Wer ist gut in Präsentationen? Vielleicht ist eine Team-Bibliothek notwendig. Mitarbeiter können Bücher empfehlen und diese den anderen Teammitgliedern zur Verfügung stellen. Geteiltes Wissen fördert den Zusammenhalt und integriert auch toxische Kollegen.

6. **Stärken und Chancen** heißt das sechste Feld. An diesem Punkt wird festgestellt, ob das Team noch weitere Unterstützung braucht und wie es sein Potenzial noch besser nutzen kann. Braucht es zusätzliche Soft- oder Hardware, um die Aufgaben besser erledigen zu können? Müsste personell aufgestockt werden, damit man sich um die produktiven Arbeiten kümmern kann? Ist es sinnvoll, einen Werkstudenten oder einen Trainee einzustellen?

7. **Risiken und Schwächen** sind Themenbereiche, über die ungern gesprochen wird. In diesem Feld gibt es erfahrungsgemäß Unsicherheiten. Dieses Feld steht nicht nur für ein einzelnes Teammitglied, sondern für das ganze Team. Risiken können vom Team aufgrund mangelnder Gesamtsicht schwer eingeschätzt werden. Das Gespräch über Schwächen muss moderiert werden, damit es nicht zu gegenseitigen Vorwürfen kommt.

Mit emotionaler Intelligenz ist es möglich, brisante Situationen im Arbeitsalltag zu entschärfen. Das Teampathy-Canvas hilft dabei, das Beziehungsmanagement in Teams zu entwickeln. Es geht auf die wichtigsten Themen der Teamentwicklung ein.

- Empathie ist ein wichtiger Baustein in der Teamentwicklung.
- Potenzielle neue Mitarbeiter sollten auch unter dem Gesichtspunkt der emotionalen Intelligenz bewertet werden.
- Das Teampathy-Canvas gibt in 7 Schritten – von der Gesamtvision über gemeinsame Werte bis zu Stärken und Chancen unter Beachtung der Risiken und Schwächen – einen guten Überblick über den Zustand des Teams und das Ziel, welches erreicht werden soll, und es deckt potenzielle Bedarfe auf.

Warum braucht Toleranz Grenzen?

Seite 68

Wie hoch ist die Gefahr, selbst toxisch zu werden?

Seite 72

Was kennzeichnet toxische Organisationen?

Seite 75

6. Der vergiftete Arbeitsalltag

Er zog den Kreis und schloss mich
Aus – Ketzer, Motzer, welch ein Graus.
Doch mit Liebe konnt' ich siegreich sein:
Ich zog den Kreis und schloss ihn ein!

Edwin Markham

Toxische Kollegen sind schwer zu fassen. Je schwächer die Unternehmensstruktur angelegt ist, desto leichter haben sie es. Toxische Kollegen nutzen schwach entwickelte Strukturen aus. Wer glaubt, dass solch schwach entwickelte Strukturen allein ein Problem von klein- und mittelständischen Unternehmen sind, liegt falsch. Denn stark entwickelte Strukturen in großen Konzernen, die von schwachen Führungskräften gesteuert werden, sind ebenso nutzlos.

Bereits kleine Veränderungen helfen bei der Bewältigung der Aufgabe. Diese Schritte sollten für nachhaltigen Erfolg als Team gegangen werden, denn ein einzelnes Teammitglied kann nicht für den Erfolg eines ganzen Teams verantwortlich sein. Jedes Teammitglied muss sich der Verantwortung seines Handelns bewusst sein. Die Verantwortung kann auch nicht auf den Vorgesetzten übertragen werden. Selbst das toxische Teammitglied trägt nur die Verantwortung für sein eigenes Handeln.

Klare Regeln und No-Gos sind hier das oberste Gebot. Es muss für alle klar sein, dass Lästern über Kollegen, Mobbing oder ein Schlechtmachen von Teammitgliedern nicht erlaubt ist. Darüber hinaus wird Feedback nur in der Art und Weise gegeben, wie man sich das selbst wünscht.

Ein weiterer Schritt für das Team ist die Integrität jedes einzelnen Teammitglieds. Integrität entsteht etwa durch Ehrlichkeit und Höflichkeit. Abschätziges, aggressives und intolerantes Verhalten wird nicht geduldet. Die (neuen) Teamwerte müssen klar kommuniziert und eingefordert werden. Gleichzeitig müssen die Konsequenzen aufgezeigt werden, die bei Nichteinhaltung die Folge sind. Es muss für alle klar sein, was für ein gelingendes Miteinander erwartet wird. Die Führungskräfte des Teams müssen in dieser Hinsicht aktiv fordern und fördern.

6.1 Die Grenzen der Toleranz

Wenn das Unternehmen eine Null-Toleranz-Politik für toxisches Verhalten etabliert, ist direktes Feedback mit klarem Bezug auf die Performance des Mitarbeiters ein effektives Mittel. Hierdurch wird dem Mitarbeiter deutlich mitgeteilt, dass er unerwünschtes Verhalten gezeigt und künftig zu vermeiden hat. Es ist wichtig, dass das Feedback nur das Verhalten betrifft und nicht seine Person. Dem Mitarbeiter wird dadurch signalisiert, dass er weiterhin ein Teammitglied ist.

Feedback und Ergebniserwartung

Die Gründe für das Verhalten des Mitarbeiters können auch in der organisatorischen Struktur der Abteilung oder des

Unternehmens liegen. Jeder Manager, jede Führungskraft hat die Möglichkeit, einer toxischen Person Feedback zu geben. Dies kann sowohl im Rahmen von regelmäßigen halbjährlichen oder jährlichen Feedback-Gesprächen erfolgen als auch in einem situationsbezogenen Vier-Augen-Gespräch während der Arbeitszeit.

Nach dem Feedback sollten zuvor vereinbarte Ergebnisse eingefordert werden. Damit stellt die Führungskraft sicher, dass das Teammitglied genau weiß, welche Verhaltensweisen es ändern und in welche Richtung es sich entwickeln muss.

In einem Feedback-Gespräch sollten Sie folgende grundlegenden Aspekte berücksichtigen:

- Beschreiben Sie das Problem so, wie Sie es wahrgenommen haben.
- Bleiben Sie klar und deutlich, vermeiden Sie Humor oder Sarkasmus, der falsch verstanden werden könnte.
- Vermeiden Sie absolute Wörter wie zum Beispiel: immer, regelmäßig, oft.
- Vermeiden Sie wertende Fragen.
- Erklären Sie im Detail, warum das Problem ein Problem ist.
- Geben Sie dem Mitarbeiter Gelegenheit, seinen Standpunkt zu erklären.
- Vergewissern Sie sich, dass beide das Problem erkannt haben.
- Versuchen Sie, für beide tragbare gemeinsame Lösungen zu finden.

- Vereinbaren Sie ggf. zusätzliche Alternativlösungen.
- Planen Sie die nächsten Schritte.
- Vereinbaren Sie regelmäßige Feedback-Gespräche für die nächsten zwölf Monate.

Stopp heißt Stopp! Toxischen Menschen muss eine klare und eindeutige Grenze gesetzt werden. Wenn die Toleranzgrenze erreicht ist, darf es kein „weiter so" geben. Jetzt ist es an der Zeit, aktiv zu werden. Seien Sie präzise und bleiben Sie beharrlich. Der toxische Mitarbeiter wird versuchen, Wege und Mittel zu finden, Ihr Anliegen kleinzureden oder ins Lächerliche zu ziehen. Feedback-Gespräche helfen dabei, Änderungen dauerhaft umzusetzen.

6.2 Wenn es nicht mehr geht

Wenn Feedback-Gespräche oder der Einsatz eines Coachings keine nachhaltigen Erfolge gebracht haben, den toxischen Kollegen wieder ins Team zu integrieren, gibt es nur noch eine letzte Möglichkeit, das Problem zu beheben. Wenn das Verhalten eines Mitarbeiters so untragbar geworden ist und alle bislang beschriebenen Werkzeuge nicht greifen, dann muss final gehandelt werden. Dann steht die Kündigung als letztes Mittel im Raum.

Auf Gegenreaktion vorbereiten

Bereiten Sie sich möglichst frühzeitig auf die potenziellen Folgen wie zum Beispiel eine Kündigungsschutzklage vor.

Kein Narzisst wird seinen Posten freiwillig aufgeben. Arbeitsrechtlich ist es sinnvoll, bereits im Vorfeld mit Abmahnungen oder Aktennotizen nachweislich dem Mitarbeiter sein Verhalten gespiegelt zu haben.

Sie sollten ausreichende rechtssichere Beweise zusammentragen, die zeigen, dass das Mitarbeiterverhalten für das Unternehmen schädlich und nicht mehr tragbar ist. Natürlich wird die Konfrontation mit diesem Mitarbeiter ihn dazu veranlassen, selbst eigene Verteidigungsstrategien aufzubauen. Vergessen Sie dabei bitte niemals, dass der Mitarbeiter eine verschobene Wahrnehmung und ein Defizit an Selbstreflexion hat.

Den Einwänden begegnen

Der Mitarbeiter wird beispielsweise versuchen, im Kündigungsgespräch die Verantwortung für die Geschehnisse auf andere Mitarbeiter abzuwälzen. Idealerweise haben Sie eine Reihe von Beispielen parat, die das Gegenteil bezeugen. Begeben Sie sich nicht in die Position, sich rechtfertigen zu müssen. Der Mitarbeiter könnte versuchen, Sie als Führungskraft dafür verantwortlich zu machen. Auch die Organisation wird von Kritik durch den Mitarbeiter nicht verschont bleiben. Der Mitarbeiter wird im Kündigungsgespräch zum Rundumschlag ausholen. Gerade bei langjährigen Mitarbeitern kann das Gespräch noch rauer ausfallen.

Souverän bleiben

Kündigungsgespräche benötigen Souveränität. Das Kündigungsgespräch ist zur Verabschiedung des Mitarbeiters und zur Überreichung der Kündigung gedacht. Sollten Sie die Kündigung jetzt doch zurückziehen, haben Sie gegenüber dem toxischen Mitarbeiter verloren. Bereiten Sie sich also darauf vor, dass das Kündigungsgespräch von einem toxischen Mitarbeiter für eine Anklage gegen Sie genutzt wird. Eine weitere Taktik ist es, dass ein toxischer Mitarbeiter in dieser Situation plötzlich doch noch mit Ihnen zusammenarbeiten möchte. In diesem Kontext würde er alles annehmen, was Sie ihm vorwerfen, sich jedoch später nicht mehr daran gebunden fühlen. Somit würde Ihnen der Wind aus den Segeln genommen werden, ohne dass Sie das Problem gelöst haben. Der Prozess zieht sich im schlimmsten Fall jahrelang hin. In dieser Zeit ist mit einer hohen Wahrscheinlichkeit damit zu rechnen, dass andere Teammitglieder das Team verlassen. Sei es durch Eigenkündigung oder durch die Versetzung in eine andere Abteilung.

Toxische Kollegen schieben den Schwarzen Peter gerne auf andere Teammitglieder oder geben die Verantwortung sogar ihrer Führungskraft. Kombiniert mit Narzissmus fühlen sie sich bei jeder noch so kleinen Rüge gekränkt. Machen Sie sich bereit für ein anstrengendes Kündigungsgespräch und bleiben Sie souverän.

6.3 Wie Sie selbst nicht toxisch werden

Die Zusammenarbeit mit toxischen Kollegen hinterlässt Spuren. In einem schleichenden Prozess werden ungesunde Verhaltensweisen schnell übernommen. Berufsanfänger werden vom ersten Arbeitsplatz tief geprägt. Ähnlich einem Kind mit streitenden Eltern, nehmen sie die negativen Eindrücke der erfahrenen Kollegen auf und eignen sich diese selbst an.

> Persönlich durfte ich diese Erfahrung in meiner ersten Arbeitsstelle machen. Meine Abteilung wurde an zwei räumlich voneinander entfernten Orten von einer Führungskraft geführt. Mein Abteilungsleiter war selten präsent. Hierdurch hatten meine Kollegen und Kolleginnen den Eindruck, dass unser Bereich nicht so wichtig war wie der andere. Obwohl wir eine sehr engagierte Vertretung hatten, kamen immer wieder Neiddebatten auf. Die Arbeitsmoral war dementsprechend niedrig, die Mitarbeiterfluktuation aufgrund der langen Betriebszugehörigkeit meiner Kollegen aber sehr gering. Das Team hatte sich mit seinem Schicksal abgefunden.

Dieser Teufelskreis kann durch verschiedene Verhaltensweisen durchbrochen werden.

- ⇨ Zuallererst sollten Sie sich die Frage stellen, ob Ihr **Verhalten** zu einem guten Miteinander führt. Niemand kann den ganzen Tag nett sein oder sein bestes Lächeln aufsetzen, ohne dass es gekünstelt rüberkommt. Es ist nur nicht fair, Ihre schlechte Laune an Ihren Kollegen oder Vorgesetzten auszulassen.
- ⇨ **Distanzieren** Sie sich bewusst von negativen Interaktionen, wenn es möglich ist. Kaffeeklatsch ist per se nicht schlecht. Entwickelt sich dieser zu einer Mobbing-Situation, wird die rote Linie überschritten. Scheuen Sie sich nicht, schädigendes Verhalten offen anzusprechen, Lösungen zu suchen und andere einzubinden.

⇨ Ziehen Sie aus der Erfahrung mit negativen Kollegen **hilfreiche Schlüsse**. Wenn ein Teammitglied behauptet, niemals in Themen involviert worden zu sein, arbeiten Sie an Ihren Kommunikationstechniken. Somit verbessern Sie auch die Kommunikation mit anderen Kollegen.

⇨ **Lob** ist kein exklusives Recht einer Führungskraft. Loben Sie Kollegen, Teammitglieder, Mitarbeiter und auch externe Peers für ihre Arbeit. Es macht für alle mehr Spaß, wenn die individuelle Leistung gesehen wird. Lob ist keine Einbahnstraße, je mehr Sie loben, desto mehr Lob kommt zurück.

⇨ **Sprechen** Sie toxisches Verhalten von anderen Kollegen offen an. Herunterschlucken von negativen Erfahrungen vergiftet Sie. Scheuen Sie sich nicht, Ihr Anliegen eine Stufe höher anzubringen. Sie haben vielleicht nicht die notwendigen Ressourcen, um den Konflikt zu lösen. Suchen Sie sich Kollegen, die ebenfalls davon betroffen sind. Das zeigt, dass der Konflikt nicht nur Sie und den toxischen Kollegen betrifft. Verbündete zu suchen ist wichtig.

⇨ **Reflektieren** Sie Ihr eigenes Verhalten regelmäßig. Sind Sie weiterhin offen für Lösungen? Möchten Sie eine Verbesserung der Situation? Was kann gezielt getan werden? Wenn Sie Vorschläge haben, kommunizieren Sie diese mit Ihrem Team und den Vorgesetzten. Seien Sie ein Teil der Lösung. Sie stärken hierdurch Ihr Team und sich selbst.

Lassen Sie sich nicht in die Toxizität hineinziehen. Nutzen Sie die erprobten Methoden wie die Distanzierung von Mobbern oder das Lob für Kollegen, um sich selbst und Ihr Gegenüber besser zu verstehen.

6.4 Toxische Organisationen

Eine vernachlässigte Belegschaft hat wenig Motivation, Engagement und Bindung an ihr Unternehmen. Das Marktforschungsunternehmen Gallup hat in seiner 2016 veröffentlichten Studie herausgefunden, dass ungefähr 70 Prozent der Belegschaft Dienst nach Vorschrift macht. Nur ein kleiner Teil, 15 Prozent der Mitarbeiter und Mitarbeiterinnen, verfügte über höhere Zufriedenheit und ein besonderes Bindungsgefühl.

Der dafür geschaffene Begriff der **Social Pollution** ist die Klammer, in der sich die toxische Organisation befindet.

Destruktive Strukturen

Toxische Organisationen schaffen sich ein destruktives Umfeld. Sie belohnen toxisches Verhalten, um die eigenen Ziele voranzubringen. Die Kennzeichen einer toxischen Organisation sind unter anderem eine hohe Personalfluktuation und attraktive Gehälter, um schnell neues Personal zu rekrutieren und zu halten.

Auf den ersten Blick sind toxische Organisationen nicht unbedingt sofort erkennbar, sie können sich sehr gut „tarnen“. Es kann einen Feelgood-Manager geben, in einem eigens dafür bereitgestellten Raum steht ein Tischkicker oder ein bequemes Sofa. Es gibt kostenlose Mitgliedschaften im Fitnessstudio, bei manchen Unternehmen sogar betriebseigene Fitnessstudios, ein täglicher Fruchtkorb und eine professionelle Kaffeemaschine. Das alles macht sich gut in Stellenanzeigen und in Vorstellungsgesprächen. Wenn aber der Raum mit dem Tischkicker als Vorzeige-Meeting-Room der Geschäftsleitung missbraucht wird und der Tischkicker verstaubt, dann helfen diese Maßnahmen nicht.

Toxische Aspekte

In toxischen Organisationen fehlt es an Transparenz, offener Kommunikation und gleichen Voraussetzungen für alle Mitarbeiter. Im Detail finden sich die folgenden Eigenschaften wieder:

- Es gibt **„gläserne Decken“**, die einen Aufstieg verhindern. Mitarbeitern wird durch manipulative Kommunikation vermittelt, dass es ein großer Erfolg ist, so weit gekommen zu sein. Eine fehlende Diversitätskultur behindert, trotz z. B. einer bestehenden Frauenquote, die eigene Karriere. Struktureller Rassismus benachteiligt diejenigen, die nicht so aussehen wie die Mehrheitsbelegschaft. Ein Beispiel dafür ist die Selektion der Mitarbeiter nach äußerlichen Merkmalen bei dem US-amerikanischen Modekonzern Abercrombie & Fitch in den Jahren vor 2014.
- Die Zielvorgaben werden von oben nach unten kommuniziert. Umsatzwachstum, Effizienz und andere Kennzahlen werden ohne Hilfestellung, wie sie erreicht werden können, eingefordert. Ein **hoher Leistungsdruck** entsteht. Budgets werden für die Erreichung der Ziele nicht zur Verfügung gestellt. Unterbesetzte Abteilungen erleben erwartbare Misserfolge.
- Innerhalb einzelner Teams regiert eine **feindliche Ellbogenmentalität**. Teammitglieder kämpfen um begrenzte Ressourcen. Neben Arbeitsmaterialien gehört auch das

Lob der Vorgesetzten dazu. Beförderungen werden intransparent kommuniziert. Gutdünken oder Vetternwirtschaft sind weit verbreitet. Es gibt keine objektive Messbarkeit der Leistung.

- **Passive Personalabteilungen** meiden den Konflikt mit toxischen Kollegen, speziell wenn es einen Betriebsrat gibt. Sie verschleppen die Lösung der Situation. Es übersteigt ihre Fähigkeiten, eine geeignete Lösung zu finden.
- Führungskräfte sind nicht entsprechend geschult oder zu schwach, um zu führen. Sie verzögern Entscheidungen, kommen kaum aus ihren Büros heraus oder agieren nur noch passiv. Sie sitzen Konflikte aus und verschärfen diese dadurch noch mehr. **Schwache Führungskräfte** sind abhängig von der Meinung ihrer eigenen Vorgesetzten.
- **Fehlende Transparenz** bei der (unterschiedlichen) Entlohnung von Frauen und Männern erzeugt ein unterschwelliges Gefühl von Ungerechtigkeit. Dies kann zu fehlender Motivation, Ellbogenmentalität und sogar Sabotage führen.
- **Fehlende Führungskultur** zeigt sich bereits in der Durchführung von Teammeetings. Sind Teammeetings strukturiert und effizient? Sind die Verantwortlichkeiten geklärt? Gibt es Protokolle mit „Erledigt bis ...“-Einträgen?
- Eine der **Ausbeutung** ähnlichen Arbeitsbelastung ist nicht selten Alltag. Gerade die Diskrepanz zwischen Erwartungshaltung und Arbeitsrealität führt zu negativen Emotionen bei Mitarbeitern. Kurzfristige hohe Arbeitsbelastung ist davon ausgenommen. Eine permanent unterbe-

setzte Abteilung kann ein Brutbecken toxischen Verhaltens sein.

- **Allgemeine Negativität** durch langjährige Mitarbeiter ist ein großes Problem. Sie ist das Resultat einer schwachen Führung. Jüngere Mitarbeiter haben keine Chance, sich der Negativität älterer Kollegen zu entziehen. Diese Art von Negativität kann man an Aussagen wie „Uns hat noch nie jemand gefragt" oder „Die Chefs machen, was sie wollen" erkennen.
- Eine **fehlende Fehlerkultur** im Unternehmen manifestiert sich in der strikten Beachtung von Regeln und Vorschriften. Fehler werden nicht als Chance zur Verbesserung begriffen. Notwendige Anpassungen an veränderte Gegebenheiten finden nicht statt. Mitarbeiter werden für Kreativität bestraft. Eine Veränderung der Regeln und Vorschriften erfolgt nur unter Druck von außen.
- Führungskräfte fördern ihnen genehme Mitarbeiter und blockieren andere Mitarbeiter. Der Informationsfluss ist sehr selektiv. Die Arbeitsqualität der Mitarbeiter hängt vom **Wohlwollen der Führungskraft** ab.
- Teams oder Funktionen werden vor der versammelten Mannschaft durch Kommentare wie „Das sind die Kollegen, die nur Kaffee trinken" abgewertet.

In toxischen Organisationen fehlt einiges. Hierzu gehören:

- eine realistische Arbeitsbelastung
- die Klarheit über die Aufgabe und Verantwortlichkeiten
- eine klare Kommunikation und Transparenz
- das Gefühl der Eigenverantwortlichkeit

Wege ins Scheitern

Mitarbeiter reagieren auf verschiedene Art und Weise auf toxische Unternehmen. Sie lehnen das Unternehmen aktiv oder passiv ab oder kündigen. Alle drei Reaktionen sind weder für das Unternehmen noch für den Mitarbeiter gut. Das Ergebnis ist eine Verstärkung der Toxizität innerhalb des Unternehmens. Wenn alle guten Mitarbeiter gehen, dann bleiben die Resignierten und Aggressiven. Dieser Teufelskreis setzt sich so fort und kann bis zum Scheitern des Unternehmens führen. Die ehemals großen Warenhauskonzerne Arcandor oder Kaufhof sind ein gutes Beispiel dafür.

Aktive und passive Negation

Die Reaktion der Mitarbeiter kann in unterschiedlichen Extremen stattfinden. Aktive Negation kann sich von unkooperativem Verhalten bis hin zur Arbeitsverweigerung steigern. Sie kann Prozesse und Entscheidungen blockieren. Bei der aktiven Negation stellt der Mitarbeiter fest, dass seiner Meinung nach A richtig ist und B falsch. A und B können nicht beide *gleichzeitig richtig* sein. Da er sich auf die Position A fixiert, steigt er in den Teufelskreis der Toxizität ein.

Die passive Negation eines Mitarbeiters stellt sich so dar: B *muss* falsch sein, weil A richtig ist. Hier versteift sich der Mitarbeiter auf die eine Position A, ohne die Position B geprüft zu haben.

Die Muster erkennen

Es ist den Mitarbeitern nicht übel zu nehmen, wenn sie in dieses Verhalten verfallen. Sie haben die Unschärfen in der

Organisation satt. Die oben genannten Umstände rauben ihnen die Kräfte. Sie rutschen in den Dienst nach Vorschrift ab. Sobald eines der beiden genannten Muster erkennbar ist, sollten bei Kollegen und Vorgesetzten die Alarmglocken läuten.

Die Eigenkündigung eines Mitarbeiters ist nicht die logische Endstufe der aktiven oder passiven Negation. Mitarbeiter, welche das Unternehmen aus eigenem Antrieb verlassen, haben sehr feine Fühler für die Kultur im Unternehmen. Das „familiäre Gefühl" aus der Stellenbeschreibung haben sie geprüft und sind zu dem Ergebnis gekommen, dass es nur ein anderer Begriff für toxisches Umfeld ist.

Toxische Organisationen verändern

Die gute Nachricht ist: Es gibt drei probate Wege, eine toxische Organisation zu verändern.

1. Zuallererst muss die Veränderung von der **Führungsmannschaft** vorangetrieben werden.
2. Danach erfolgt die Veränderung in den einzelnen **Abteilungen und Teams**.
3. Als letzten Schritt ist die **direkte Auseinandersetzung** mit dem toxischen Mitarbeiter notwendig.

Je länger toxisches Verhalten im Unternehmen geduldet worden ist, desto länger benötigt das Unternehmen, die Veränderung durchzusetzen. Wunder wird es im ersten Schritt höchstwahrscheinlich keine geben. Aber: Jeder gemachte Schritt hin zu einem besseren Unternehmen wird fruchtbar sein.

Es ist wichtig, diese Reihenfolge zu befolgen. Die Lösung des Problems kann nur über ein Top-Down-Verfahren gelingen. Viele Unternehmen haben in den letzten Jahren das Thema Diversität und Gleichberechtigung über den Top-Down-Ansatz als Unternehmensziele formuliert. Dies wäre durch einen Bottom-Up-Ansatz nicht umsetzbar gewesen. Die Unternehmensautorität muss für die wichtigen Themen unbedingt genutzt werden. Die oberste Führungsriege gibt die Maxime vor, auf die sich jedes Teammitglied berufen kann, wenn es auf Widerstände stößt. Sie muss die Leitplanken innerhalb der Unternehmenskultur setzen. Klare Dos and Dont's sind notwendig.

Werte in allen Unternehmensbereichen

Um Toxizität aus dem Unternehmen zu eliminieren und Werte zu etablieren bzw. zu stärken, benötigt es eine bewusste Integration von Werten in die Organisation. Die Entwicklung und Benennung dieser Werte ist kein exklusives Recht der obersten Ebene. Die Werte sollten durch die Beteiligung der Mitarbeiter aller Ebenen entwickelt und festgelegt werden. Das schafft eine allgemeine Verbindlichkeit. Zuerst sollten alle Handbücher, Checklisten, die Unternehmensvision, Feedback-Tools, Bewertungsbögen und andere Mittel der Personal- und Unternehmensführung daraufhin geprüft werden. Beim Onboarding-Day neuer Mitarbeiter müssen die Werte und die Umgangsformen im Unternehmen klar kommuniziert werden. Denn um ein gutes Klima im gesamten Unternehmen zu bewahren, darf der Prozess der Reflexion niemals enden. Neue

Mitarbeiter müssen sofort und wiederholt eingebunden werden.

Wer ist verantwortlich?

Legen Sie Verantwortlichkeiten fest:

- Wer ist für Gleichstellung zuständig?
- An wen wende ich mich, wenn ich ein Problem aufgrund eines Fehlverhaltens habe?
- Wie erfolgt im Unternehmen die Lösung von Konflikten, wenn es nicht auf der gleichen Ebene gelingt (z. B. Eskalation auf nächsthöhere Ebene Mitarbeiter/Mitarbeiter oder Mitarbeiter/Vorgesetzter)?

Wie lief die Probezeit?

Wenn neue Mitarbeiter zum Team stoßen, müssen sie behutsam integriert werden. Das Feedback-Gespräch am Ende der Probezeit kann genutzt werden, um den Umgang mit anderen Kollegen zu spiegeln. Die fachliche Qualifikation war schon bei der Einstellung vorhanden. Jetzt geht es um Fragen wie:

- Wie arbeitet der Mitarbeiter im Team?
- Welche Reibungspunkte gab es und warum?
- Mit welchen Kollegen arbeitet er gerne zusammen und mit welchen nicht so gerne?
- Braucht er noch mehr Zeit mit einem bestimmten Kollegen, um die Zusammenarbeit zu verbessern?

Wie ist die Entwicklung?

Das erste Beurteilungsgespräch nach der Probezeit sollte die vorangegangenen Themen aufgreifen. Beurteilungsgespräche müssen nicht einseitig sein und können als Basis für einen offenen Austausch genutzt werden. Der Mitarbeiter sollte die vorgesetzte Person beurteilen dürfen, ohne Konsequenzen befürchten zu müssen. Dadurch entsteht ein wichtiger Austausch zwischen Erwartung und Realität.

Es geht um Fragen wie:

- Wie hat sich der Mitarbeiter an die Werte angepasst?
- Gab es Teammitglieder, welche die Werte vorgelebt haben?
- Hat die Vorgesetzte die Werte vorgelebt?
- Wie würde der Mitarbeiter die Vorgesetzte nach der Probezeit beurteilen?

Nach der Probezeit

Das erste Beurteilungsgespräch nach der Probezeit ist essenziell. Gerade nach der Probezeit ist der Mitarbeiter noch am ehesten motiviert, langfristig an sich zu arbeiten. Hierzu ist ein 360-Grad- oder Multi-Rater-Feedback zu empfehlen. Es ist zwar zeitintensiv, jedoch sehr objektiv, da eine große Anzahl an Fragen über die Person beantwortet werden muss. Der Mitarbeiter hat dadurch die Gelegenheit, einen starken Selbst- und Fremdbildabgleich durchzuführen. Das Multi-Rater-Feedback erzeugt dann großen Erfolg, wenn es nicht nur beim „Herumhören“ durch Vorgesetzte bleibt, sondern strukturiert schriftlich erfolgt. Das Multi-Rater-Feedback findet häufig in der Beurteilung von Führungskräften durch Mitarbeiter statt. Es ist empfehlenswert, auch auf der gleichen Ebene ein Multi-Rater-Feedback durchzuführen.

Vorteile	**Nachteile**
Idealerweise wird das Selbst- und Fremdbild des Mitarbeiters positiv abgeglichen.	Der Mitarbeiter nimmt das Feedback nicht an und fühlt sich ausgegrenzt.
Der Mitarbeiter weiß, woran er ist.	Der Mitarbeiter fühlt sich durch das negative Feedback in seinem Tun bestätigt.
Das Feedback stärkt die Offenheit und Beziehung zu anderen Teammitgliedern.	Der Mitarbeiter akzeptiert ausschließlich positives Feedback.
Durch das Feedback ist eine positive Weiterentwicklung des Mitarbeiters/Teams möglich.	Der Mitarbeiter nimmt nur das Feedback von Kollegen oder Vorgesetzten an, die er achtet.

Es ist wichtig, einen Schutzschild gegen toxische Kollegen zu errichten. Seien Sie vorsichtig! Allzu schnell können Sie selbst in den toxischen Modus verfallen. Holen Sie sich früh Unterstützung.

- Setzen Sie, wenn möglich, auf allen Unternehmensebenen an.
- Fangen Sie auf der obersten Ebene an.
- Bestimmen Sie Verantwortlichkeiten für die Behandlung von Problemen.
- Nutzen Sie Instrumente wie 360-Grad- oder Multi-Rater-Feedback.
- Führen Sie Feedback-Gespräche nach der Probezeit.
- Nutzen Sie Checklisten und persönliche Mitarbeitervereinbarungen.

Fast Reader

1. Toxische Kollegen – ein Überblick

Toxische Kollegen fühlen sich in einem Umfeld aus schwachen Vorgesetzten, unklaren Regeln und schwachen Kollegen wohl. Sie gehören dem Unternehmen schon länger an und sehen sich als Instanz. Meist punkten sie durch sehr gute Arbeitsergebnisse, ein gutes Netzwerk oder Beliebtheit bei den Kunden und Vorgesetzten. Sie treten nach unten und buckeln nach oben. Bei Beschwerden über diese Kollegen reagieren Vorgesetzte überrascht. Die Rückmeldung entspricht nicht ihrem Bild von dieser Person.

Sollte es so weit kommen, dass ernsthafte Konsequenzen gezogen werden müssen, verfallen Vorgesetzte meist in folgendes Muster:

- Versetzung des Mitarbeiters in eine andere Abteilung
- Entzug von Befugnissen
- Beförderung in eine höhere Ebene mit weniger Verantwortung

Alle drei Maßnahmen haben einen fragwürdigen Nutzen. Sie verlagern das Problem und lösen es nicht.

2. Narzissten

Narzisstische Menschen gibt es in jedem Unternehmen und auf jeder Ebene – vom Kollegen bis zum Chef. Narzissten brauchen Aufmerksamkeit und manipulieren ihre Mitmenschen. Wenn sie sich nicht genug gewürdigt fühlen, wechseln sie den Arbeitsplatz und andernorts beginnt das Spiel von Neuem.

Narzissten können in verschiedene Typen aufgeteilt werden:

- Der kreativ-theatralische Narzisst ist laut und braucht Dramatik. Dadurch zieht er sein Umfeld in seinen Bann. Sobald man in seinen Fängen ist, nutzt er andere für seine Ziele aus.
- Der tiefe Narzisst leidet an Größenwahn. Diese Eigenschaft paart sich mit einer ausgeprägten Kunst, andere Menschen zu manipulieren. Er schafft es, sich vom Täter zum Opfer zu verwandeln. Tiefe Narzissten können ausbeuterisch sein. Die Ausbeutung tarnen sie mit einem großen Zweck.

Gesunder Narzissmus ist allerdings hilfreich, um das Arbeitsumfeld und schließlich auch die Organisation als Ganzes zu verbessern.

3. Neider

Allen Neid-Typen gemein ist das fehlende Lebensziel. Sie wissen nicht, welche Berufung sie im Leben haben. Das macht es ihnen so schwer, irgendwo Fuß zu fassen und eine Befriedigung zu spüren.

Als dritte Kategorie von toxischen Kollegen ergänzen sie das Gesamtbild mit folgenden Auswirkungen:

- Sie können offen oder verdeckt feindselig sein.
- Sie können auf die verschiedensten Dinge neidisch sein.
- Mitarbeiter können auf Vorgesetzte neidisch sein, aber auch Vorgesetzte auf Mitarbeiter.
- Wenn Neider sich abgrenzen, befinden sie sich in einem Teufelskreis und verlieren immer mehr Unterstützer.

4. Was sind toxische Menschen?

Selbst- und Fremdbild driften beim toxischen Menschen auseinander. Daher wundern sie sich über negatives Feedback. Sie versuchen in der Nähe der Macht zu sein oder selber welche zu bekommen. Toxische Menschen schrecken vor nichts zurück. Sie wirken im beruflichen wie im privaten Kontext und sind im Alltag allgegenwärtig.

Es gibt sechs Typen von toxischen Kollegen, die Sie kennen sollten:

1. Der Saboteur ist ein Egomane und möchte vollkommene Aufmerksamkeit.
2. Der Bedenkenträger hat Angst vor Entscheidungen und behindert dadurch das Team.
3. Der Perfektionist verliert sich im Mikro-Management und möchte über alles zuletzt entscheiden.
4. Der Choleriker verbreitet Angst und Schrecken durch jederzeit ausbrechende Wut oder Aggression, die sich gegen jeden in seinem Umfeld richten kann.

5. Der Low-Perfomer schiebt Aufgaben gerne und erfolgreich an andere ab. Er erfindet immer wieder Gründe, warum er nicht zuständig ist.
6. Der sexuell-toxische Typ kennt keine Grenzen, akzeptiert kein Nein und ignoriert auch klare Regeln.

Die genannten Typen kommen auch in gemischter Form vor. Gehen Sie auf Distanz zu diesen Typen. Sie können schneller als gedacht in Ihrem Dunstkreis landen.

5. Emotionale Intelligenz und Empathie

Mit Empathie und emotionaler Intelligenz können Sie toxische Menschen besser verstehen. Sie haben dadurch die Möglichkeit, sich besser im Unternehmen gegen sie aufstellen zu können. Es wäre daher durchaus sinnvoll, diese beiden Eigenschaften als Einstellungskriterium zu verankern.

Entscheidend für ein gutes Arbeitsklima ist die richtige Zusammenstellung der Teams und die Definition von klaren Regeln und No-Gos:

- Das Teampathy-Canvas hilft in 7 Schritten dabei, das Beziehungsmanagement in Teams zu entwickeln. Es geht auf die wichtigsten Themen der Teamentwicklung ein.
- Wenn das Team klare Regeln für den gegenseitigen Umgang aufstellt, engt sich der Spielraum für toxische Kollegen auf ein Minimum ein. Das Team – und hoffentlich auch das gesamte Unternehmen – entwickelt sich nach vorne. Der toxi-

sche Kollege muss sich verändern oder verlässt das Unternehmen auf eigenen Wunsch.

6. Der vergiftete Arbeitsalltag

Toleranz hat Grenzen, die dem toxischen Kollegen aufgezeigt werden müssen. Hierzu empfiehlt es sich, ein gut vorbereitetes Gespräch zu führen. Toxischen Kollegen fällt es schwer, sich selbst zu reflektieren. Sie verschieben die Verantwortung gerne auf Kollegen oder stellen sich selbst als Opfer dar.

Passen Sie auf, dass Sie nicht selbst toxisch werden. Sie können dem entgegenwirken, indem Sie

- Ihr Verhalten reflektieren,
- nicht in negative Interaktionen eingebunden werden,
- toxisches Verhalten ansprechen.

Toxischen Organisationen fehlt es an der Klarheit über Aufgaben und Verantwortlichkeiten. Meist ist keine realistische Arbeitsbelastung gegeben. Es fehlt an klarer Kommunikation und Transparenz. Das Gefühl der Eigenverantwortlichkeit ist nicht vorhanden. Daher müssen Organisationen auf allen Ebenen Entwicklungen in Gang setzen, welche toxisches Verhalten eliminieren. Das fängt bereits beim Onboarding-Day an und setzt sich bis zu regelmäßigen Feedback-Gesprächen fort.

Der Autor

Zulfukar Tosun ist eine Führungskraft mit langjähriger Erfahrung in DAX-30-Unternehmen, außerdem ist er als Buchblogger tätig und rezensiert Bücher für Führungskräfte. Seine Themenbereiche sind Führung, Motivation und Kommunikation.

Tosun war ein Jahrzehnt für die damalige Kaufhof Warenhaus AG als Führungskraft tätig und leitete danach einen Unternehmensbereich mit über 200 Mitarbeitern für ein französisches Unternehmen. Als Gründer hat er mehrere erfolgreiche Start-ups im Baltikum ins Leben gerufen.

Seinen Buchpodcast HalloStark und seine Seite HalloStark.net besuchen monatlich über 5.000 Besucher.

Kontakt:
Zulfukar Tosun
info@toxischekollegen.de
www.toxischekollegen.de

Weiterführende Literatur

ACMP Nor Cal (2022): https://www.acmpnorcalchapter.org/changemanagement-articles (letzter Abruf am 16.07.22)

Antidiskriminierungsstelle des Bundes: Diskriminierungserfahrungen in Deutschland – Studie (2017): https://www.antidiskriminierungsstelle.de/SharedDocs/downloads/DE/ publikationen/Expertisen/expertise_diskriminierungserfahrungen_in_deutschland.pdf;jsessionid=401CDAD74CEF2CBE9E73BEF232A7D0B9.intranet232?__blob=publicationFile&v=6 (letzter Abruf am 12.06.22)

Barrett, R. (2006): Building a values-driven organization. New York: Elsevier, p. 20

Barrick, M. R., Stewart, G. L., Neubert, M. J., & Mount, M. K. (1998): Relating member ability and personality to work-team processes and team effectiveness. Washington, Journal of Applied Psychology, 83(3), 377–391

Brehm, S. S., & Brehm, J. W. (1981): Psychological reactance: A theory of freedom and control. New York: Academic Press

Deloitte (2019): https://www2.deloitte.com/content/dam/Deloitte/at/Documents/ consulting/at-deloitte-fluktuationsstudie-2019.pdf (letzter Abruf am 16.07.22)

Ferris, G. R., Zinko, R., Brouer, R. L., Buckely, M. R., & Harvey, M. G. (2007): Strategic bullying as a supplementary, balanced perspective on destructive leadership. Leadership Quarterly, 18, 195–206

Global Great Jobs Report: Gallup (2016): https://www.gallup.com/services/191105/gallup-2016-global-great-jobs-report.aspx (letzter Abruf am 02.05.22)

Godshalk, V. M., & Sosik, J. J. (2000): Does mentor-protégé agreement on mentor leadership behavior influence the quality of a mentoring relationship? Group & Organization Management, 25, 291–317

Greene, Robert (2019): Die Gesetze der menschlichen Natur; S. 277ff. New York: Penguin Books

Hirigoyen, Marie-France (2022): Die toxische Macht der Narzissten. 3. Auflage, Frankfurt: C.H.BECK

Hodson, R., Roscigno, V. J., & Lopez, S. H. (2006): Chaos and the abuse of power: Workplace bullying in organizational and interactional context. Work and Occupations, 33(4), 382–416

Holloway, E. L. (2006, June 15): Mentoring for transformational change. Plenary address to the Oxford Mentoring and Coaching Institute Conference. Oxford, England

Labianca, G., & Brass, D. J. (2006): Exploring the social ledger: Negative relationships and negative asymmetry in social networks in organizations. Administrative Science Quarterly, 31(3), 596–614

Lepine, J., Hollenbeck, J., Ilgen, D., & Hedlund, J. (1997): Effects of individual differences on the performance of hierarchical decision-making teams: Much more than g. Washington: Journal of Applied Psychology, 82(5), 803–811

Jansen, P. & Vloeberghs, D. (Nov. 1999): Multi-rater Feedback Methods: Personal and organizational implications. In: Journal of Managerial Psychology

Keashley, L., & Jagatic, K. (2000): The nature, extent, and impact of emotional abuse in the workplace: Results of a statewide survey. Paper presented at the Academy of Management Conference. Toronto, Canada

Miner, A. G., Glomb, T. M., & Hulin, C. (2005): Experience sampling mood and its correlates at work. In: Journal of Occupational and Organizational Psychology, 78, 171–193

Pearson, C. M., Andersson, L. M., & Porath, C. L. (2000): Assessing and attacking workplace incivility. Organizational Dynamics, 29(2), 123–137

Pearson, C. M., & Porath, C. L. (2005): On the nature, consequences and remedies of workplace incivility: No time for "nice"? Think again. Academy of Management Executive, 19(1), 7–19

Scandura, T. A., & Williams, E. A. (2004): Mentoring and transformational leadership: The role of supervisory career mentoring. Journal of Vocational Behavior, 65, 448–468

Solfield, L., & Salmond, S. W. (2003): Workplace violence. Orthopaedic Nursing, 22(4), 274–283.

Sutton, R. (2007): Building the civilized workplace. McKinsey Quarterly, 2, 47–55

Tepper, B. J. (2000): Consequences of abusive supervision. Academy of Management Journal, 43(2), 178–190

Training Magazine: http://www.trainingmag.com, zitiert von R. A. Carr, Peer Resources Canada, 14. April 2003 (letzter Abruf 04.04.22)

Wenger, E. C., & Snyder, W. M. (2000, January/February): Communities of practice: The organizational frontier. Harvard Business Review, 78(1), 139–145

Gloria M. Davenport, PhD (2006): Working with Toxic Older Adults: A Guide to Coping With Difficult Elders. Springer Publishing Company

Register

Anerkennung 23, 25-28, 35, 37, 48
Anhänglicher Typ 35

Bedenkenträger 48-51, 87

Choleriker 48, 53f., 57, 87

Dienst nach Vorschrift 10, 55, 61, 75, 80

Ellbogenmentalität 9, 76f.
Emotionale Intelligenz 59-62, 65, 88
Empathie 30, 59, 62, 65, 88
Expertise 12f.

Feedback 11, 14f., 47, 63f., 68ff., 81, 83f., 87, 89
Feedback-Gespräche 14, 69f., 82, 84, 89
Feindseligkeit 35, 39, 42f., 48, 87
Fremdbild 45, 47, 61, 83f., 87

Geschäftsführung 9, 11
Gleichmacher 34

Konkurrenz 18, 25
Kündigung 10, 15, 21, 44, 56f., 70, 72, 80
Kündigungsgespräch 71f.

Leistungsverweigerer 34
Low-Performer 48, 55ff., 88

Manipulation 23, 26, 42ff., 86f.
Mobbing 42, 44, 73f., 87

Narzissmus 23, 30f., 53, 72, 86
Narzisst 6, 23-31, 38, 44, 53, 71, 86
Neider 33f., 36-39, 86
Null-Toleranz-Politik 68

Offboarding 10

Onboarding 9, 81, 89
Organisations-Jeopardy 17

Perfektionist 48, 51ff., 57, 87

Saboteur 48-51, 87
Schlüsselpositionen 9
Selbstbild 45
Selbstmotivation 61
Selbstregulierung 61f.
Selbstwahrnehmung 60f.
Sexuell-toxischer Typ 48, 56f., 88
Statusgegner 35f.

Teampathy-Canvas 62f., 65, 88
Teufelskreis 38f., 54, 73, 79, 87
Toxische Organisation 6f., 18, 29, 56, 75f., 78, 80, 89

Unsicherer Meister 36

Versetzung 10, 16f., 21, 55, 57, 72, 85

GABAL

VOM WISSEN INS UMSETZEN

Alle Bücher zu den Themen Persönliche Entwicklung & Coaching finden Sie auf www.gabal-verlag.de!

ISBN 978-3-86936-184-0

ISBN 978-3-96739-112-1

ISBN 978-3-96739-101-5

ISBN 978-3-96739-064-3

ISBN 978-3-96739-100-8

ISBN 978-3-96739-115-2

Schauen Sie vorbei auf **www.gabal-magazin.de**
oder folgen Sie uns auf unseren Social-Media-Kanälen!